제주 스쿠터 여행

제주 스쿠터 여행

정두용·안보라 지음

꿈의지도

Contents

스쿠터 타고 즐기는 제주 여행에
훌륭한 동반자가 되길

모터사이클 세계일주 여행을 마치고 제주로 내려와 5년째 살고 있다.
여행하듯 살며 제주의 구석구석을 참 많이도 돌아다녔다. 제주를 찾는
이들에게 추천해주고 싶은 곳들도 하나둘 늘어났다. 시골생활의
답답함이 느껴질 때면 바이크를 타고 제주의 이곳저곳을 달린다.
그때마다 만나는 제주의 푸른 바다와 오름, 곶자왈의 풍경은 매번 새롭고
감동적이다. 스쿠터를 타고 제주를 여행하는 이들도 자주 만나게 된다.
스쿠터 여행자들의 설렘과 흥분은 늘 기분 좋은 떨림으로 내게 전해진다.

스쿠터 여행은 낭만이 있다. 자동차로 하는 여행보다 고생스럽긴 하지만
더 많은 경험과 추억을 얻을 수 있다. 주차 공간에 구애받지 않고,
기동성이 좋아 어디서든 자유로이 멈추고 달릴 수 있다. 스쿠터 여행자는
외부와 단절된 창밖의 풍경을 바라보기만 하는 관찰자가 아닌 자연의
일부가 된다. 온몸으로 제주를 느끼고, 보고, 듣고, 숨쉴 수 있다. 단순히
목적지까지 이동하기 위한 수단이 아닌 여정 자체를 즐길 수 있게 된다.
또한 스쿠터 여행은 자동차 운행이 어려운 초보 운전자들이 자유로이
제주 여행을 즐길 수 있는 훌륭한 대안이기도 하다.
하지만 종종 스쿠터 여행자들을 마주할 때면 아쉬운 마음과 걱정도
함께였다.

'그쪽 길보다는 이쪽 길이 더 아름다운데…. 이 길로 달리면 훨씬 행복한
여행이 될 텐데…'
'저렇게 달리다 사고라도 나면 다칠 텐데…'

스쿠터 여행은 제주를 오롯이 즐기기 위한 좋은 여행 방법이지만 단점
또한 분명하다. 날씨의 영향을 크게 받고, 안전 장비를 제대로 갖추지
않으면 안전사고가 일어날 수도 있다. 아무런 준비 없이 무작정 스쿠터
여행을 떠난다면 즐거운 여행길이 고생으로 시작해서 후회로 끝날 수도
있는 셈이다. 그런데도 스쿠터 여행자들을 위한 변변한 가이드북 하나
없는 게 현실이다. 스쿠터 여행자들이 늘어날수록 늘 이 부분이
아쉬웠다. 부족하나마 용기를 낸 이유다.
이 책에서는 제주도 스쿠터 여행을 하기 전에 무엇을 준비해야 하는지,
어떤 코스로, 어떻게 여행해야 알찬 여행을 할 수 있는지 스쿠터로
달리기 좋은 길과 추천하는 여행코스, 요즘 뜨는 카페와 식당은 물론
쉬어가기 좋은 숙소까지 충실히 담았다. 이 책이 스쿠터 타고 즐기는
제주 여행에 훌륭한 동반자가 되길 바란다.

제주 스쿠터 여행 전체 코스 지도

7
함덕 해수욕장
6
김녕
5
월정리 해변
4
평대리 해변
3
세화 해변
2
종달리
7
1
성산일출봉
6
섭지코지
글자연휴양림
돌문화공원
비자림
용눈이 오름
백약이 오름
5
김영갑 갤러리 두모악
4
표선 해수욕장
3
위미리
2
쇠소깍
2
하고수동 해수욕장
3
비양도
우도
1
산호 해수욕장
4
검멀레 해변
5
우도봉, 우도동대공원

Part 1

제주 스쿠터 여행 사전 준비

여행의 즐거움은 지도를 펼치고 여행을 준비하는 과정에서 시작된다.
처음 도전하는 여행이라면 사전 준비는 더욱 중요하다.
출발 전에 미리 준비해야 하는 것은 무엇인지 알아보고, 가보고 싶은 곳을 찾아
여행 일정을 점검하자. 충실히 준비할수록 더욱 즐거운 여행이 된다.

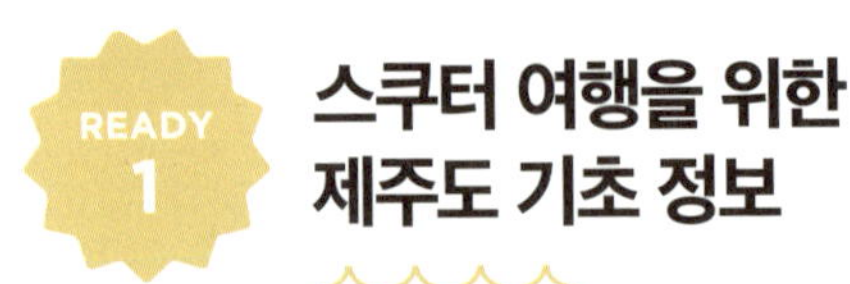

스쿠터 여행을 위한
제주도 기초 정보

제주는 생각보다 크다

제주의 면적은 1,849.2㎢로 서울 면적의 세 배쯤 된다. 동서 길이 약 70㎞, 남북 길이 약 30㎞인 타원형이다. 해안선 길이는 약 308㎞로 서울에서 부산까지 직선거리와 비슷하다. 제주도를 잘 모르는 사람들은 흔히 제주도를 작은 섬이라 생각하고 무리한 이동 계획을 세우는 실수를 한다. 제주의 한가운데에 우뚝 솟아 있는 한라산 때문에 한쪽 끝에서 반대쪽 끝으로 이동할 때는 늘 한라산을 피해 돌아가야 한다. 목적지까지 거리가 그리 멀지 않더라도 실제 이동에 걸리는 시간은 예상보다 더 걸린다. 특히 빠른 속도를 낼 수 없는 스쿠터 여행자라면 자동차를 기준으로 한 내비게이션 예상 시간의 두 배 정도 걸린다고 생각해야 한다.

변덕쟁이 제주 날씨

제주의 날씨는 변화가 심하다. 쨍하고 맑다가 갑자기 비가 오기도 하고 그러다가 어느새 비바람이 몰아친다. 지역별 날씨 차이도 심해 제주시는 비바람이 몰아쳐도 서귀포시는 따뜻한 햇살이 내리쬐는 경우도 많다. 삼다도답게 바람도 많이 불고, 비도 꽤 자주 온다. 이런 날은 스쿠터 여행자에겐 참 힘든 날이다. 태풍이 오는 시기라면 스쿠터 여행은 포기하는 것이 좋다. 자동차와 달리 스쿠터는 외부의 환경에 그대로 노출된다. 내리는 빗방울과 바람을 온몸으로 직접 맞으며 달려야 한다. 그리 춥지 않은 날이라도 온몸이 젖은 채 스쿠터를 타고 달리며 주행풍을 맞다 보면 체온은 급격히 떨어지고 감기나 몸살에 걸려 컨디션을 망치기 쉽다. 그러므로 스쿠터 여행을 시작하기 전에 제

주 날씨를 잘 파악해야 한다. 비, 태풍 등 일기예보를 주의 깊게 살펴
보자. 그와 함께 비옷, 바람막이 등 복장 준비를 철저히 하자.

제주의 밤은 빨리 온다

한밤중에도 휘황찬란한 도시와는 달리 제주의 밤은 말 그대로 깜
깜하다. 어둠이 깔리며 인적이 드물어지고, 대부분의 가게들은 저녁
7~8시면 문을 닫는다. 시내를 벗어나면 가로등도 거의 없다. 어둡고
익숙하지 않은 길을 스쿠터로 달리는 것은 위험하다. 되도록 하루의
일정을 일몰 전에 마치도록 움직이자. 식당도 저녁 시간이 지나면 거
의 문을 닫으므로 식사 때를 놓치지 말아야 한다. 제주에선 정기 휴
일뿐 아니라 재료 소진, 개인 사정 등 임의로 가게 문을 닫고 쉬는 경
우도 많다. 헛걸음을 피하기 위해 가게의 SNS 계정 등을 통해 휴일과
영업시간을 꼭 확인하고 이동하자.

Tip 제주도에 내 스쿠터를 가지고 가자 자신의 스쿠터로 제주 여행을 계획한다면 배
를 이용하는 것이 유일한 방법이다. 대부분 제주행 배편은 자동차, 스쿠터를 싣고 함께
제주에 입도할 수 있고, 저배기량 스쿠터의 경우엔 화물 운송료도 합리적이다(스쿠터
운송료 부산항 42,500원, 완도항 15,710원, 여수항 22,860원, 목포항 21,000원, 해
남우수영항 21,000원). 고배기량 오토바이일수록 운임은 부담될 정도로 비싸진다. 스
쿠터를 배에 싣기 위해선 사전 예약이 필수며, 원활한 수속을 위해 출발 최소 1시간 반
전에는 스쿠터를 타고 출발 항구에 도착해야 한다.

아는 만큼 보인다, 제주의 속살을 느끼기 위한 기본 상식을 장착하자

제주는 신화의 섬이다

제주에는 설문대할망을 비롯해 바람신 영등할망 등 우리나라에서 가장 많은 신들이 살고 있다. 그중에도 제주 탄생 신화의 주인공인 설문대할망 전설은 제주의 곳곳에서 우리의 흥미를 더해준다.

제주도 앞바다가 겨우 무릎에 올 정도로 키가 컸던 설문대할망은 바다의 흙을 치맛자락에 퍼 날라서 한라산을 만들었다. 그때 치맛자락의 구멍 사이로 떨어져나간 흙 한 줌 한 줌이 제주의 360여 개 오름이 되었다. 할망이 빨래할 때 사용한 빨래바구니가 성산일출봉, 빨래판으로 썼던 것이 우도였다. 한라산이 너무 높아 한 줌 떠내어 던졌는데 그것이 산방산이다. 신기하게도 실제 산방산의 크기와 한라산 백록담의 크기는 비슷하다. 설문대할망 이외에도 제주도 원주민의 시조인 세 신인(神人)과 관련한 신화(삼성혈 p.209) 역시 제주를 이해하는 중요한 키워드가 된다. 이러한 제주 설화와 신화를 이해하고 있다면, 제주 여행의 재미가 더욱 풍부해진다.

제주는 아픔이 많은 섬이다

독립된 나라였던 탐라국이 고려에 종속되며 제주라 불리운 후부터 제주의 역사는 수탈과 고난의 역사였다. 삼별초의 항쟁(항몽유적지 p.76)이후 원나라 땅으로 편입되어 몽골에 말을 공납하기 위해 고통받던 시기부터, 조선시대 출도금지령을 지나 일제강점기의 일본군 수탈까지 제주인의 삶엔 '육지것들'에 대한 회한이 내재되어 있다. 물론 그 가운데 아직도 아물지 않은 가장 아픈 상처는 '제주 4·3사건'이다. 1947년 3월부터 1954년 9월까지 7년 7개월 동안 약 3만 명의 학살 피해자를 만들어낸 이 사건의 상처는 제주 곳곳에서 만날 수 있다. 몇 마디 말과 글로 그 아픔을 이해하기는 어렵다. 제주를 방문하기 전에 현기영의 소설 『순이삼촌』(1978년), 오멸 감독의 영화 『지슬』(2013년) 등 4·3사건을 다룬 작품을 찾아보자. 마음이 무거워지는 만큼 제주인들의 삶과 문화를 더 잘 이해할 수 있을 것이다. 즐거운 여행길에 어울리지 않을 수도 있으나, 시간을 내어 '4·3평화공원'(p.217). '알뜨르비행장'(송악산 둘레길 p.105)과 섯알 오름 학살터 등을 찾아본다면 더욱 뜻 깊은 여정이 될 것이다.

중산간의 매력에 빠져보자

제주는 크게 세 지역으로 나누어진다. 해발 200m 미만의 해안 지역, 200~600m 사이의 중산간 지역, 600m 이상의 한라산 산간 지역이다. 제주를 처음 방문하는 여행자들은 대부분 해안 지역을 중심으로 움직인다. 에메랄드빛 바다를 휘감아 도는 해안 도로를 시원스레 달리며, 해변을 마음껏 즐기는 것이 거의 모든 제주 여행 초보자들의 여정이다. 하지만 제주에는 해안 지역과는 전혀 다른 매력을 가지고 있는 중산간 지역이 있다. 제주 중산간의 매력을 발견할 때, 비로소 제주와의 진짜 사랑이 시작된다. 오름과 제주밭담, 제주마 뛰어노는 목장지(렛츠런팜 p.223), 억새(산굼부리 p.223)와 곶자왈(환상숲곶자왈 p.130), 피톤치드와 함께하는 숲길 산책(비자림 p.215, 사려니 숲길 p.217). 천편일률적인 해안 지역에서 벗어나 다양한 중산간의 풍광에 푹 빠져보자. 제주 여행의 즐거움이 배가 될 것이다.

걷기 열풍의 시작, 제주 올레

올레길 걷기는 제주의 속살을 가장 가까이서 느리게 만날 수 있는 방법이다. 성산읍 시흥리에서 시작된 1코스는 제주를 시계 방향으로 한 바퀴 돌아 다시 시흥리로 돌아오는 21코스에서 끝난다. 그중 1, 6, 7, 10코스가 올레꾼들에게 가장 인기다. 올레길은 한 코스당 7~20㎞ 정도의 길이로, 걷는다면 3~7시간 정도 걸린다. 스쿠터를 타고 올레길을 돌아볼 수도 있는데, 올레코스의 거의 대부분은 자동차들도 운행하는 마을길이거나 농로이기 때문이다. 오름을 올라가는 등산로나 숲길 등 스쿠터가 다닐 수 없는 비포장길을 가끔 만나는데, 이때는 우회도로로 돌아가면 된다. 올레길을 탐험하고 싶지만 걷는 것이 부담스러운 여행자는 스쿠터로 올레길을 둘러보는 것도 꽤 괜찮은 방법이다. 스쿠터를 탄다면 하루 3~4개의 올레코스를 둘러보는 것은 전혀 어렵지 않다.

우리나라 최고봉에 올라볼까?

높이 1950m 한라산은 철마다 전혀 다른 아름다움을 뽐낸다. 여행 중 한라산을 오르려면 하루 일정을 꼬박 잡아야 한다. 백록담이 있는 정상까지 가는 길은 관음사(8.7㎞, 5h), 성판악(9.6㎞, 4.5h) 코스뿐이며, 영실(5.8㎞, 2.5h), 어리목(6.8㎞, 3h), 돈내코(7㎞, 3.5h) 코스는 해발 1600m인 남벽분기소까지만 등반이 가능하다. 한라산 등반 후에는 체력적 부담이 오기 쉽다. 스쿠터 여행 중 한라산 등반을 하고자 한다면 여행의 마지막 날에 일정을 계획하자.

한라산 등반이 힘들면 오름에 올라보자

오름은 작은 화산이다. 한반도에서 가장 젊은 땅인 제주도는 한라산의 분화로 태어난 이후에도 끊임없이 크고 작은 화산이 분출하였고, 이는 제주 곳곳 360여 개의 작은 기생화산인 오름으로 남았다. 오름 중 가장 장대하고 유명한 것은 성산일출봉(p.160)일 테지만 대부분의 오름은 여성적이고 아름다운 곡선을 가지고 있다. 짧게는 5분, 길어도 30분 내외의 등반이면 정상에 오를 수 있어, 누구나 쉽게 다양한 형태의 분화구와 탁트인 제주 중산간 풍경을 즐길 수 있다. 오름은 제주의 동부에 집중적으로 분포하는데, 대중교통은 불편하나 스쿠터로 접근하기는 매우 편하다. 오름에 이르는 대부분 길은 한적한 시골길로 라이딩하기 즐겁다. 제주에 왔다면 오름 한두 개쯤은 꼭 올라보자. 절대 후회하지 않는다. 용눈이 오름(p.210), 따라비 오름(p.165), 아부 오름(p.214), 새별 오름(p.80)등이 유명하다.

나는 스쿠터 여행을 할 수 있을까?

스쿠터 여행을 위한 기본 자격 요건

제주 스쿠터 여행을 하기 위해 필요한 기본 자격은 ① 만 18세 이상 성인, ② 원동기 운전면허 또는 자동차 운전면허 소지자(125cc 이상 고배기량 오토바이 운행 시 2종 소형 면허 필요)이다. 두 가지 조건을 통과했다면 일단 기본 자격은 갖추고 있는 셈이다.

자전거를 잘 타는가?

안전한 스쿠터 여행을 위해 가장 중요한 것은 '실제로 스쿠터 운전을 할 수 있는가?'이다. 스쿠터 운전 경험자라면 아무런 문제가 없겠지만 실제로 제주에서 스쿠터를 빌려 여행을 하려는 상당수가 스쿠터 초보자다. 면허를 취득한 지 1년 미만일 경우 자동차 렌털이 거절되기도 하는데 이럴 때 대안으로 스쿠터를 선택하는 경우가 많다. 자동차에 비해 스쿠터 운전이 비교적 쉬워 보이지만 스쿠터 렌털 숍에서 처음 스쿠터를 운전해보고 운행을 포기하는 이들도 상당수 발생한다. 이런 불필요한 혼란을 겪지 않기 위해선 스쿠터 운행을 할 수 있는지 본인 스스로 미리 점검해보는 과정이 필요하다. "자전거를 잘 타는가?" 이 질문에 부정적인 답이 나온다면 스쿠터 여행은 포기하자. 두 개의 바퀴로 달리는 스쿠터의 운전은 자전거와 원리가 동일하다. 자전거가 익숙하지 않거나 겁이 많아 두 바퀴 운행에 어려움을 느끼는 사람은 다른 방법으로 여행하자. 자전거를 잘 타더라도 두 명이 스쿠터 한 대로 여행하고자 한다면 운전자가 동승자를 태우고 편안하게 달릴 수 있어야 한다. 자전거를 타고서도 핸들이 흔들리는 등 불안정하다면 스쿠터 뒤에 사람을 태우고 운전하면 안 된다.

여행 출발 전에 미리 준비하자

자전거 운전에 익숙하다면 스쿠터 운행은 그리 어렵지 않다. 스쿠터 운전에 대한 기본적인 사항은 스쿠터 렌털 숍에서 배울 수 있으며, 대부분 원하는 만큼 출발 전 운전 연습이 가능하다. 대부분의 경우 큰 어려움 없이 적응하지만 운동 신경이 좋지 않고, 근력이 약할 경우 스쿠터 운전에 어려움을 겪는 경우가 많다. 스쿠터 여행을 계획하고 있다면 평소에 자전거를 타도록 하자. 이외에도 스쿠터를 가지고 있는 지인에게 미리 교습을 받아두는 것도 좋다. 제주에 무작정 도착해서 포기하는 것보다 미리 연습하고 경험해보는 것이 시행착오를 줄이는 길이다. 자전거와는 다른 무게감, 자동차와 함께 달려야 하는 불안감, 빠른 속도에서 느껴지는 무서움까지 스쿠터를 탔을 때의 반응은 사람마다 천차만별이다. 스쿠터를 타고 여행하는 것이 조금이라도 부담스럽다면 최대한 미리 준비하자.

Tip 스쿠터 체험 교실 거주지가 수도권 지역이라면 대림자동차에서 운영하는 스쿠터 체험 교실에서 미리 스쿠터 운전 교육을 받아보자. (www.scooterrace.co.kr)

스쿠터 여행
언제 할까?

12~2월의 겨울철만 아니라면 언제든지 가능하다. 제주는 한겨울에도 해안 부근 도로가 빙판길로 변하는 일은 거의 없다. 하지만 겨울 칼바람을 맞으며 스쿠터를 타는 일은 여행보단 극기 훈련에 더 가깝다. 가장 추천하고 싶은 시기는 5, 6월 봄철과 9, 10월 가을철이다. 선선한 바람과 적당한 날씨, 휴가철의 소란스러움이 잦아든 시기가 여행하기 가장 좋다. 봄, 가을이 여행에 가장 적기이긴 하지만 장마와 태풍은 예측하기 어려운 변수다. 여행 시기 장마와 태풍 예보가 있다면 우비, 방수 가방 등 대비를 철저히 하자. 가장 많은 이들이 제주를 찾는 7, 8월 여름 휴가철에는 제주 어느 곳이나 사람들로 붐빈다. 성수기라 숙박비 등의 비용도 많이 소요되며, 무엇보다 한여름 제주 태양은 타는 듯 뜨겁다. 강한 햇볕에 노출된 채 스쿠터를 달리면 피부 화상을 입기 쉽다. 극성수기 여행을 피할 수 없다면 선크림을 꼼꼼히 바르고, 긴팔, 긴 바지, 버프 등을 착용하여 신체의 햇빛 노출을 최소화하자.

READY 4

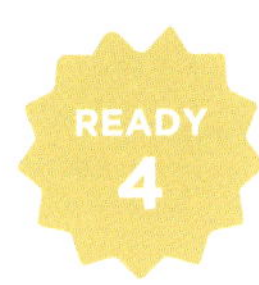

며칠 일정이 좋을까?

제주 스쿠터 여행은 제주 한 바퀴 완주가 기본이다. 대여한 스쿠터를 매장에 다시 반납해야 하기 때문에 갔던 길을 다시 되돌아오거나 제주를 한 바퀴 돌아와야 한다. 일주 도로 한 바퀴의 길이는 181㎞, 해안 도로를 따라 달리면 약 280㎞ 정도다. 50cc 초보자용 스쿠터로 가능한 50㎞/h 속도로 달려도 계산상 6시간이면 제주도 일주가 가능하다. 그러나 빠르게 달리기만 하는 것은 여행이 아니라 경주다. 제주 스쿠터 여행은 천천히 여유롭게 달릴 때 그 진가를 보여준다. 최소한 2박 3일 이상의 일정을 계획할 것을 추천한다.

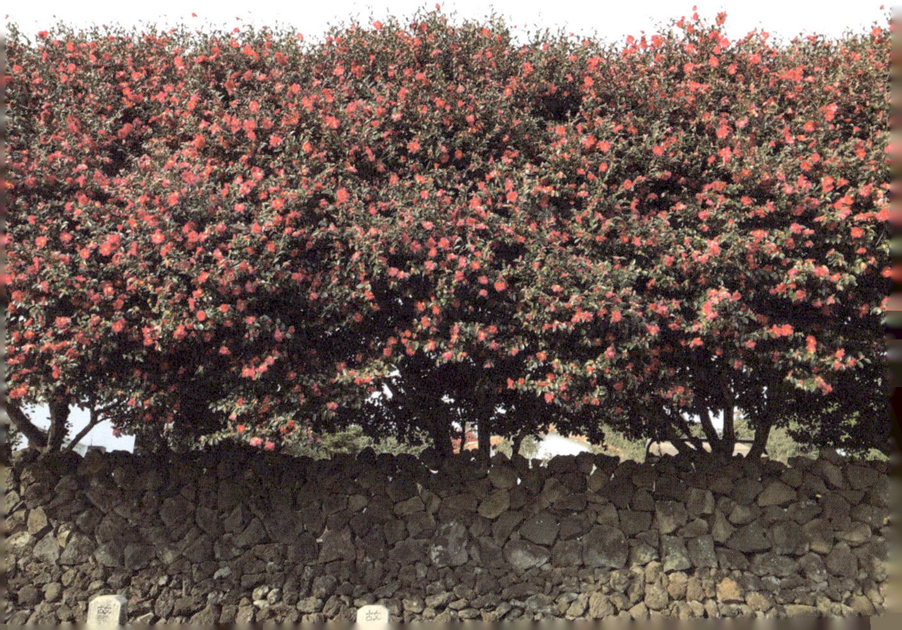

제주의 도로 한눈에 보기

제주의 고속 도로, 일주 도로

고속 도로가 없는 제주에서 고속 도로 역할을 하는 가장 중요한 도로가 일주 도로다. 제주도를 가장 크게 빙 둘러서 도는 1132번 국도를 일주 도로라 부른다. 일주 도로의 총 길이는 181㎞. 제주시를 기점으로 서귀포시까지 동쪽으로 도는 노선은 '동일주 도로', 서쪽으로 도는 노선은 '서일주 도로'라고 부른다. 해안선을 따라 도는 해안 도로는 바닷가 경치를 즐기기에 좋지만 구불구불 느린 데다 중간중간 끊겨 있어 목적지까지 빠르게 이동하기엔 적당하지 않다. 그에 반해 해안 도로보다 내륙 쪽으로 위치하며, 최대한 직선 구간으로 개설된 일주 도로는 가고자 하는 곳까지 신속하게 이동할 때 용이하다. 하지만 일주 도로 대부분의 구간은 차량의 빠른 이동만을 목적으로 만들어져 제주의 아름다운 풍광을 즐기며 달리기엔 적당하지 않다. 스쿠터 여행자라면 가능한 해안 도로로 달릴 것을 추천한다.

라이딩의 즐거움이 가득한 해안 도로

누구나 꿈꾸는 제주 스쿠터 여행의 기본은 해안 도로 라이딩이다. 제주 해안을 휘감고 있는 주요 해안 도로는 11곳에 이르는데, 지형과 건축물 등에 막혀 하나로 이어지지 않는다. 일주 도로를 따라 달리다 보면 해안 도로로의 진입이 가능함을 알리는 이정표를 쉽게 찾을 수 있다. 이정표를 따라 해안 도로 진입과 일주 도로로의 복귀를 반복하게 된다. 많은 해안 도로 중에서도 깎아내린 절벽과 굴곡과 심한 오르내림이 장쾌한 애월 해안 도로, 풍력 발전기가 어우러진 풍경이 이국적인 신창 풍차 해안 도로, 송악산과 산방산으로 이어지는 사계 해안 도로, 제주에서 가장 아름다운 바다를 즐길 수 있는 시흥-김녕 해안 도로는 놓칠 수 없는 라이딩 코스이다.

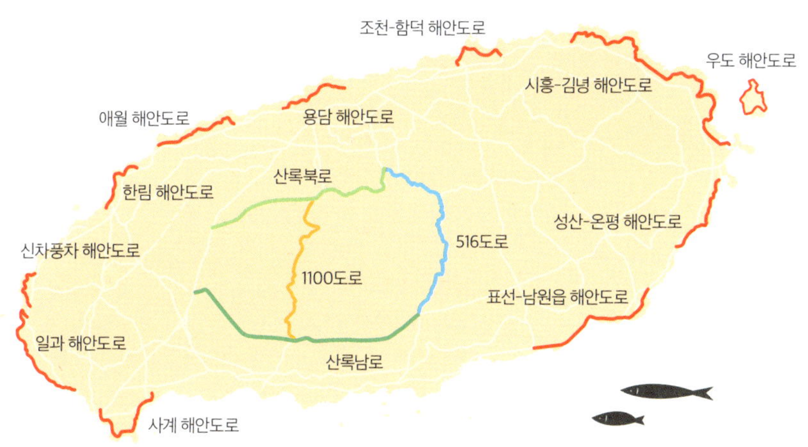

주행 금지 도로, 저배기량 스쿠터 운행 금지!

대부분의 스쿠터 업체에서는 1100도로(1139번 도로), 5.16도로(1131번 도로), 산록북로(1117번 도로), 산록남로(1115번 도로)의 125cc 미만의 저배기량 스쿠터 운행을 금지하고 있다. 이 도로들은 제주에서 가장 높은 도로로 한라산을 가까이 돌아 지나간다. 1100도로와 5.16도로는 제주시와 서귀포시를 최단 거리로 이어주는 중요 도로이며, 산록남로와 산록북로는 제주를 동서로 이어주는 최단거리 도로다. 운행 속도가 빠른 편이며, 갓길이 좁은 데다 길이 구불구불하고 오르내리는 경사도 심하다. 대부분의 초보자들이 대여하는 저배기량 스쿠터로 운행하기엔 너무 위험하고, 차량 흐름에 방해되기 쉽다. 2종 소형 면허가 있는 숙련된 라이더나 최소 125cc 이상의 바이크로 운행하지 않는 이상 주행 금지 도로에 진입하지 않도록 하자. 이 도로에서 사고가 나면 자차 보험도 적용되지 않는다. 반면 고배기량 바이크, 숙련된 라이더에게 위 도로는 최고의 라이딩 코스다. 제주도에서 차로 올라갈 수 있는 최고 고도인 해발 1100m 지점을 지나는 1100도로, 밀림처럼 우거진 1.2㎞ 길이의 숲 터널 5.16도로, 바다까지 시원하게 내려다보이는 산록도로까지. 한라산 자락을 휘감은 이 도로들은 제주도 바이크 라이딩에서 절대 빼놓을 수 없는 추천 드라이브 루트다.

제주도 스쿠터 여행 일정 어떻게 짤까?

섬나라 제주의 스쿠터 여행은 바다와 함께하는 여행이다. 가장 가까이서 바다를 달리는 길은 바로 해안 도로 라이딩. 대부분의 스쿠터 여행자는 제주시에서 애월읍 방향으로 출발해 제주도를 반시계 방향으로 일주한다. 반시계 방향으로 달릴 때 우측통행인 도로에서 바다와 가장 가까이 달릴 수 있다. 또한 비교적 운전하기가 수월한 용담-이호테우 해안 도로를 먼저 달리게 되어 스쿠터 운전이 미숙한 초보자들의 부담이 덜하다. 시계 방향으로 출발하면 운행하는 자동차가 많고 주행 루트가 복잡한 시내 도로를 통과해 시내 외곽으로 빠져나가므로 스쿠터 운전 초보자는 운행이 어려울 수 있다.

※ p. 8 지도 참고

당일치기 추천 코스

당일치기로 스쿠터를 타고 제주도를 누비는 즐거움을 경험해보고 싶은 이들을 위한 코스를 소개한다. 스쿠터 렌털 숍이 집중되어 있는 제주시에서 스쿠터를 빌려 동쪽 또는 서쪽의 필수 스폿만 다녀오자.

동쪽 루트

제주시에서 일주 도로를 따라 월정리 혹은 성산일출봉까지 이동 후 해안 도로를 따라 제주시로 복귀하는 일정이다. 동쪽루트로 갈 때는

관광지에 들르지 않고 일주 도로를 따라 쭉 달려간 후에 관광지를 들러서 천천히 돌아오는 일정이 좋다. 30㎞를 1시간에, 혹은 50㎞를 2시간 정도에 달려간 뒤, 각자 자신의 체력에 맞게 알아서 시간 배분해 가며 돌아오는 게 좋다.

- 제주시 → (일주 도로 30㎞, 약 1시간) → 월정리 해변 → 김녕 해수욕장 → 함덕 해수욕장 → 삼양 해수욕장 → 제주시
- 제주시 → (일주 도로 50㎞, 약 2시간) → 성산일출봉 → 종달리 → 세화 해변 → 월정리 해변 → 함덕 해수욕장 → 제주시

서쪽 루트

제주시에서 해안 도로를 따라 협재 해수욕장과 금능 해수욕장까지 이동 후 일주 도로를 따라 제주시로 복귀하는 일정이다. 서쪽루트는 관광지를 들러서 천천히 서쪽으로 이동 후에 일주 도로를 따라 35㎞를 1시간 반 정도에 달려서 돌아오면 된다. 물론 이때 시간 배분은 본인이 자유롭게, 탄력적으로 조정할 수 있다.

- 제주시 → 이호테우 해수욕장 → 애월 한담 해안 도로 → 곽지 해수욕장 → 협재 해수욕장&금능 해수욕장 → 제주시(일주 도로 35㎞, 약 1시간 반)

1박 2일 추천 코스

1박 2일 일정으로는 제주도 한 바퀴 일주는 무리다. 동쪽 또는 서쪽 해안 도로를 따라 이동 후에 중산간 지역을 통해 제주시로 복귀하자. 해안 도로와 중산간 지역을 고르게 즐길 수 있는 1박 2일 코스를 안내한다.

동쪽 루트

1 제주시에서 해안 도로를 따라 세화 해변까지 이동 후 세화 해변에서 1박. 둘째 날 해안 도로 따라 표선 해수욕장까지 이동 후 중산간 지역을 가로질러 제주시로 복귀하는 일정이다.

- **첫째 날** 제주시 → 함덕 해수욕장 → 김녕 해수욕장 → 월정리 해변 → 세화 해변

- **둘째 날** 세화 해변 → 종달리 → 성산일출봉 → 섭지코지 → 표선 해수욕장 → 조랑말 체험 공원 → 제주 돌문화 공원 → 제주시

2 제주시에서 해안 도로를 따라 성산일출봉까지 이동 후 성산에서 1박. 둘째 날 섭지코지를 들러 금백조로와 비자림로를 달려 제주시로 복귀하는 일정이다.

- **첫째 날** 제주시 → 함덕 해수욕장 → 월정리 해변 → 평대리 → 세화 해변 → 종달리 → 성산일출봉
- **둘째 날** 성산일출봉 → 섭지코지 → 금백조로 → 백약이 오름 → 녹산로(봄) or 산굼부리(가을) → 절물 자연 휴양림 → 제주시

서쪽 루트

제주시에서 해안 도로를 따라 모슬포까지 이동 후 모슬포에서 1박. 둘째 날 해안 도로 따라 산방산까지 이동 후 중산간 지역을 가로질러 제주시로 복귀한다.

- **첫째 날** 제주시 → 이호테우 해수욕장 → 애월 해안 도로 → 곽지 해수욕장 → 협재 해수욕장&금능 해수욕장 → 신창 풍차 해안 도로 → 수월봉 → 모슬포
- **둘째 날** 모슬포 → 송악산 → 사계 해안 도로 → 산방산&용머리해안 → 오설록 티 뮤지엄 → 저지리 문화 예술인 마을 → 더럭 초등학교 → 제주시

2박 3일 일주 추천 코스

조금 부지런히 달린다면 2박 3일의 일정으로 제주 한 바퀴를 둘러볼
수 있다. 다만 여유롭게 다양한 스폿을 즐기기엔 시간이 부족하므로
일정을 잘 정리해야 한다. 제주시에서 해안 도로를 따라 모슬포까지
이동 후 모슬포에서 1박. 둘째 날 해안 도로를 따라 표선 해수욕장까
지 이동 후 2박. 셋째 날 해안 도로를 따라 제주시로 복귀한다.

- **첫째 날** 제주시 → 이호테우 해수욕장 → 애월 해안 도로 → 곽지 해수욕장
  → 협재 해수욕장&금능 해수욕장 → 신창 풍차 해안 도로 → 일과 해안 도
  로 → 모슬포

- **둘째 날** 모슬포 → 송악산 → 사계 해안 도로 → 산방산&용머리해안 → 중문
  관광단지 → 서귀포시 이중섭거리 → 표선 해수욕장

- **셋째 날** 표선 해수욕장 → 섭지코지 → 성산일출봉 → 종달리 → 용눈이 오
  름 → 비자림 → 평대리 → 월정리 해변 → 함덕 해수욕장 → 제주시

3박 4일 일주 추천 코스

제주 스쿠터 여행을 계획한다면 가장 추천하고 싶은 일정. 모자람 없이 꼭 가봐야 할 스폿들을 여유 있게 즐길 수 있다. 제주시에서 해안 도로를 따라 협재 해수욕장&금능 해수욕장까지 이동 후 1박. 둘째 날 중산간 지역을 가로질러 산방산을 거쳐 서귀포시까지 이동 후 2박. 셋째 날 해안 도로를 따라 성산일출봉까지 이동 후 3박. 넷째 날 오름과 숲에 들렀다가 해안 도로를 따라 제주시로 복귀한다.

- **첫째 날** 제주시 → 이호테우 해수욕장 → 애월 해안 도로 → 곽지 해수욕장 → 협재 해수욕장&금능 해수욕장
- **둘째 날** 협재 해수욕장&금능 해수욕장 → 조수리 → 오설록 티 뮤지엄 → 산방산&용머리해안 → 중문관광단지 → 서귀포시 이중섭거리
- **셋째 날** 서귀포시 → 쇠소깍 → 공천포&위미리 → 표선 해수욕장 → 섭지코지 → 성산일출봉
- **넷째 날** 성산일출봉 → 종달리 → 용눈이 오름 → 비자림 → 평대리 → 월정리 해변 → 함덕 해수욕장 → 제주시

Tip 숙소를 예약할 때는 이동 시간을 여유 있게 잡고 정하자 스쿠터 여행 첫날이라면 스쿠터 운전 교육만으로 1시간 정도의 시간이 필요하다. 운전에 익숙해지기 전까지는 빠른 속도로 달리기 어려우니 너무 먼 거리에 숙소를 예약하면 숙소까지 이동하기 힘들 수 있다. 위험한 야간 운전을 해야 하는 경우까지도 생긴다. 스쿠터 초보자라면 제주시에서 출발하여 첫날 숙소는 서쪽으로는 협재, 동쪽으로는 월정리와 세화리 정도를 벗어나지 않는 것이 좋다. 극성수기가 아니라면 당일 묵어갈 게스트하우스를 찾는 것은 그리 어렵지 않다. 미리 예약하지 않고 여행하다가 오후 4시경 도착한 근처에서 숙소를 찾는 것도 괜찮은 방법이다.

스쿠터 테마 여행 제안

모든 이들이 꿈꾸는 제주 스쿠터 여행의 메인 테마는 언제나 바다와 함께하는 라이딩이다. 하지만 해안 도로만 주야장천 달리기엔 제주의 매력은 너무나 다채롭다. 제주 스쿠터 여행의 모든 일정을 해안 도로 라이딩으로 채우기보단 관심 있는 몇 가지 테마를 찾아 코스를 구성하는 건 어떨까? 취향대로 골라 여행을 더욱 풍성하게 만들어보자.

꽃길만 달리자

제주는 일 년 내내 꽃이 끊이지 않는다. 봄의 시작을 알리는 유채꽃부터 여름의 수국, 가을의 억새를 지나 하얀 겨울에 붉게 빛나는 동백까지. 스쿠터와 함께 꽃을 찾아 달리는 꿈결 같은 꽃길 라이딩을 떠나보자.

3월 유채꽃 광치기 해변(p.163), 섭지코지(p.157), 산방산(p.108)

4월 벚꽃 장전로(p.77), 녹산로(p.164), 위미리 태위로(p.147), 비자림로(p.215)

5월 귤꽃 귤꽃 아날로그 감귤밭(p.77), 귤꽃 카페(p.202)

5월 메밀꽃&라벤더 보롬왓(p.169)

6월 수국 종달리 수국길(p.185), 카멜리아 힐(p.135), 위미리 태위로(p.147)

9월 억새 새별 오름(p.80), 아끈다랑쉬 오름(p.211)

10월 핑크뮬리 키친 오즈(p.84), 마노르블랑(p.127)

11~1월 동백 카멜리아 힐(p.135),
위미리 애기 동백 농원&동백나무 군락(p.149)

올레길 드라이빙

자동차가 쌩쌩 달리는 큰 도로를 벗어나 돌담길 정다운 마을 안 작은 길을 달려보자. 마을길 골목골목 올레꾼과 함께 제주 도민들의 일상 속으로 들어가자.

올레길 7코스 제주도의 대표적인 절경을 둘러볼 수 있어 올레꾼들이 가장 사랑하는 올레길. 스쿠터와 함께 외돌개&황우지해안(p.116)에서 이중섭거리(p.117)까지 한번에 둘러보기.

올레길 10코스 산방산(p.108), 용머리해안(p.106), 송악산(p.105)까지 웅장한 제주도의 지질 트레일 따라가기.

올레길 20코스 제주 최고 물빛의 바다와 나란히 요즘 가장 핫한 마을이 이어진다. 세화 해변(p.186), 평대리 해변(p.190), 월정리 해변(p.194), 김녕 해수욕장(p.198)

숲을 찾아 떠나는 힐링 투어

청정 제주의 심장 곶자왈과 중산간의 오름이 전해주는 힐링 에너지
를 느껴보자.

사려니 숲길(p.217) 초록의 전령들이 사는 신성한 숲 속 산책.
절물 자연 휴양림(p.216) 가장 편안한 숲길을 타박타박 걸으며 머리를 비워보자
용눈이 오름(p.210) 부드럽게 감싸 도는 능선을 올라 동부 오름군을 내려다볼
수 있는 곳.
따라비 오름(p.165) 능선이 아름다운 오름의 여왕. 가을엔 솜털 같은 억새가
뒤덮어 장관이다.
청수리 곶자왈 반딧불이(p.130) 제주에서도 가장 청정한 숲에서 만나는 기적
같은 장면, 반딧불이.

제주도 지질 탐사 여행

세계 어디서도 찾아보기 힘든 화산섬 제주의 다양한 지형을 탐험하
며 유네스코 3관왕 제주의 가치를 느껴보자.

성산일출봉(p.160) 푸른 바다를 향해 우뚝 솟은 성채. 그 아름다움을 넘어 지질학적 가치까지 알아보자.

만장굴(p.218) 제주에서만 만날 수 있는 세계 최장의 용암동굴 탐험.

용머리해안(p.106) 수천만 년 시간이 만들어낸 아름다운 해식절벽과 함께하는 산책로.

거문 오름(p.219) 제주도를 형성하는 주요 용암동굴계의 시작. 세계 자연유산 해설사와 함께하는 거문 오름 투어.

예술과 제주의 만남

예술과 건축을 통해 제주를 그려낸 거장들의 작품으로 풍요로운 제주를 만난다.

김영갑 갤러리 두모악(p.154) 제주 사랑한 사진가가 제주의 오름을 가장 아름답게 담아냈다.

방주 교회(p.133) 노아의 방주를 모티브로 만든 아름다운 교회.

비오토피아 수풍석 박물관(p.134) '명상의 공간으로서의 박물관'을 제시하는 곳. 자연을 경험하는 그 자체로 작품이 되는 건축.

유민 미술관(p.159) 바람, 빛, 물, 돌, 콘크리트를 통해 제주의 풍광을 담아낸 건축물.

이중섭거리, 이중섭 미술관(p.117) 불운한 시대의 천재화가 이중섭. 1.4평의 작은 방에서 네 식구가 살을 부비며 행복하게 살던 흔적을 살펴보자.

신화와 역사로의 탐험, 제주 문화

차분하게 제주의 과거를 돌아보는 시간. 제주의 아픔까지 들여다본다.

삼성혈(p.209) 제주 신화의 시작. 제주의 시조인 세 신인이 솟아났다는 땅 속 구멍은 직접 보면 신기하다.

돌 문화 공원(p.221) '제주다움'의 집대성. 제주도 돌문화의 모든 것을 볼 수 있다.

해녀 박물관(p.189) 유네스코 인류무형문화유산 등재의 위엄. 제주 해녀의 삶과 문화를 제대로 알아보자.

추사관(p.126) 추사 김정희가 제주에서 살았던 유배지와 추사의 그림 세한도를 모티브로 완성한 추사관으로 이어지는 건축적 짜임새가 조화롭다.

알뜨르 비행장(p.105) 스산한 비행기 격납고가 거짓말처럼 남아있는 일제의 아픈 상처.

4·3 평화공원(p.217) 아직도 끝나지 않은 4·3 사건의 기록을 찾아 제주의 아픈 기억도 들여다보자.

SNS 인생샷 여행 남는 건 사진뿐!
단 한 장의 인생사진을 위한 포토 스폿

카페 공작소(p.187) 그림 같은 세화 바다를 배경으로 커플샷, 우정샷 혹은 혼자라도 좋은 포토 포인트.

성이시돌 목장 테쉬폰(p.81) 이국적인 사진을 남기고 싶다면 테쉬폰으로!

카멜리아 힐(p.135) 여름엔 수국, 겨울엔 동백에 둘러싸여 산책할 수 있는 곳.

위미리 애기 동백 농원(p.149) 동글동글 화려하고도 귀여운 애기동백나무가 숲을 이룬 꽃동산.

키친 오즈(p.84) 10월이면 핑크뮬리로 핑크색 물결이 몽환적인 곳.

스쿠터 렌트하기

제주시에는 수많은 스쿠터 대여 업체가 있다. 대부분의 스쿠터 여행자들은 제주도 일주 후 제주공항을 통해 제주를 떠나기 때문에 스쿠터 대여 업체들은 주로 공항에서 가까운 용담동 근처에 위치한다. 제주시 외에도 서귀포시, 중문, 성산, 우도 등에도 스쿠터 대여 업체가 일부 영업하고 있지만 주로 하루 혹은 몇 시간 정도의 일정으로 그 근처를 둘러보는 여행자를 대상으로 한다. 비수기라면 별 예약 없이 업체에 방문해도 스쿠터를 빌리기 쉽지만 성수기에는 인기 기종은 대여하기 어려울 수 있다. 미리 대여 업체를 살펴본 후 스쿠터를 예약하는 것으로 제주 스쿠터 여행 준비를 시작하자.

스쿠터 예약을 위한 사전지식

여성 스쿠터 초보자라면 50cc 스쿠터가 적당하다. 대만 제조업체인 SYM의 미오와 일본 혼다의 줌머가 가장 흔하다. 무게도 가볍고, 크기도 아담해 다루기 쉽다. 최고 속도는 50~60㎞/h 정도지만 30~40㎞/h(빠르게 달리는 자전거 정도의 속력)으로 운행하기 딱 좋다. 남성 스쿠터 초보 혹은 근력이 있어 스쿠터 주행이 그리 부담스럽지 않은 여성이라면 혼다의 벤리 혹은 대림 비본도 좋다. 배기량이 큰 만큼 최고 속력도 80~90㎞/h 정도 가능하여 일주 도로 등에서 자동차들과 함께 운행하기에 크게 부담스럽지 않다. 50cc에 비해 조금 더 무겁고 크기 때문에 초보자는 다루기 어려울 수 있다. 스쿠터 경험자라면 혼다 PCX나 SYM의 보이저 등 상급자용 스쿠터도 가능하다. 크기가 크고 적재공간도 충분하여 뒷자리에 동승자를 태우고 여행할 때 선택하기 좋다. 그만큼 무겁고 다루기 어려워 상급자만 대여 가능하다.

대표적인 스쿠터 대여 기종과 가격

구분	기종(제조 업체)	대여 시간	가격
50cc 초보자용	미오(SYM), 줌머(혼다), 비노(야마하), 커플(대림)	24시간	2~3만 원
80cc 중급자용	요타(KR 모터스)	24시간	2~3만 원
110cc 중급자용	벤리(혼다), 줌머X(혼다)	24시간	2만5천~3만5천 원
125cc 중급자용	비본(대림), 뉴카빙(K&C)	24시간	2만5천~3만5천 원
125cc 상급자용	PCX(혼다), 보이저(SYM)	24시간	3만5천~5만 원

스쿠터 대여 요령

스쿠터의 잔고장이 적은 제품은 보통 일본산(혼다, 야마하, 스즈키) > 대만산(SYM, Kymco) > 국산(대림, KR모터스) > 중국산 순서다. 하지만 대부분의 렌털 숍에선 이미 검증된 스쿠터를 자체 관리하에 사용하므로 스쿠터의 신뢰도 유무를 따지는 것은 큰 의미가 없다. 오히려 렌털 숍에서 직접 다양한 스쿠터를 운전해보고 자신이 운전하기 가장 편한 스쿠터를 고르는 것이 더 현명하다.

스쿠터 대여 시 점검사항

스쿠터 대여 시 아래의 사항들을 꼼꼼하게 점검해보고, 이상이 있다면 업체에 조정을 부탁하자. 스쿠터 조작부 용어에 대한 자세한 설명은 p.42에서 확인하자.

1 뒷 브레이크(좌), 앞 브레이크(우) 레버가 너무 헐겁거나 뻑뻑한지 확인.

2 엑셀 레이터가 부드럽게 당겨지는지 확인.

3 전조등, 방향 지시등, 경적 스위치, 브레이크 등의 작동 상태 이상 유무 확인.

4 운전석에 앉아 사이드미러 방향 확인. 양쪽 어깨가 살짝 보이며 스쿠터 뒤편이 잘 보이도록 조정.

5 핸드폰을 거치대에 고정하고 충전 케이블을 연결 후 충전이 원활하게 작동

하는지 확인.

6 타이어 공기압이 빵빵한지 확인. 손으로 꾹 누를 때 들어가지 않아야 함

7 연료량 표시계를 확인. 보통 대여 시 절반 이상의 연료가 채워져 있다. 주행 중 연료계의 바늘이 붉은 칸 안으로 들어가면 주유소에 들러 연료를 채운다. 스쿠터 기종마다 다르지만 보통 붉은 칸 안으로 들어간 후에도 20~30㎞ 정도는 더 달릴 수 있다.

무료 픽업 서비스

제주시의 대여 업체들은 대부분 제주공항(또는 제주항)에서 업체 매장까지 무료 픽업 서비스를 운영한다. 업체에 따라서 기준 시간 이상 예약일 경우에만 무료 픽업이 가능하거나 제주항에서는 픽업이 불가한 경우 등 조금씩 차이가 있을 수 있으므로 스쿠터 예약 시 미리 확인하도록 하자.

무료 운전 강습

대여 업체들은 스쿠터 대여 전 초보자를 위한 무료 운전 강습과 연습 시간을 제공한다. 여행자의 운전 수준에 따라 짧게는 10여 분에서 길게는 1시간여 연습을 하는 경우도 있다. 연습 후 스쿠터 여행이 부담스럽거나 겁이 나서 스쿠터 여행을 포기하는 경우도 종종 발생한다. 이 경우 예약금의 환불 여부 등은 전액 환불부터 일부 환불, 전액 불가까지 렌트 업체마다 규정이 상이하니 미리 확인하도록 하자.

서비스 제공 물품

대여 업체에서는 스쿠터 여행에 필요한 기본 물품들을 제공해 준다. 헬멧과 스마트폰 거치대는 기본 포함되지만 휴대용 우의, 스쿠터에 짐을 고정하기 위한 그물망, 버프, 장갑, 블루투스 스피커, 보호대, 자물쇠 등은 업체에 따라 무료로 제공 또는 대여하는 곳도 있고, 유료로 판매하기도 한다.

영업시간

일반적으로 오전 8~9시 사이에 오픈하고, 오후 6~8시 사이에 닫는다. 제주에 도착하는 시간과 제주에서 출발하는 비행기 시간 등을 미리 체크하자. 매장의 영업시간 외에 대여와 반납을 해야 한다면 영업시간 외 반납 가능 여부를 확인해야 한다. 대부분 미리 일정을 조율하면 늦은 반납 등이 가능하다.

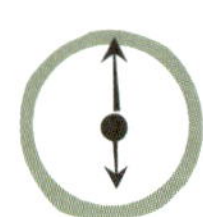

각종 할인

많은 대여 업체들이 각종 소셜커머스는 물론 자체 홈페이지나 연관 업체 등과 함께 할인가를 제공한다. 또 성수기(7~8월)와 비수기의 대여료 차이도 크다. 홈페이지나 소셜커머스 등에 발품, 마우스품을 들일수록 더 저렴한 여행이 가능하다.

스쿠터 책임보험 및 자차보험

운행 중인 모든 스쿠터는 법에 의해 책임보험이 기본 가입 되어 있다. 이는 스쿠터 대여 요금에 기본으로 포함된 사항이다. 책임보험과 별도로 운행 시 발생할지 모를 스쿠터의 손상을 보장해주는 자차보험 가입여부를 결정해야 한다. 스쿠터 운행 경험이 많은 경력자가 아닌 초보자라면 자차보험은 필수다. 따라서 실제 스쿠터 대여 비용은 스쿠터 대여비에 하루 8천~1만5천 원 정도의 자차보험료가 추가되므로 예산을 짤 때 미리 염두에 두자. 그 외에도 사고 시 휴차 보상료(스쿠터 수리 기간 동안 다른 사람에게 스쿠터를 대여할 수 없음으로 인해 발생하는 손해를 보상), 취소 시 환불 규정 등 업체의 정책을 꼼꼼히 살펴보도록 하자.

스쿠터 보험 관련 용어 정리

책임보험(대인, 대물) 모든 스쿠터는 기본적으로 가입되어 있다. 스쿠터 운행 중 접촉 사고가 발생해서 상대방 사람이 다친 부분을 보장하는 것을 대인 부분, 상대방 물건의 파손 부분을 보상하는 것을 대물 부분이라 한다.

자손보험(자기 신체 손해보험) 대여하는 스쿠터는 자손보험에 가입할 수 없다. 쉽게 말해 사고가 나서 운전자 본인 혹은 동승자가 다치는 것은 보험처리가 안 되며, 치료비 등 모든 사항을 본인 스스로 책임져야 한다.

자차보험(자기 차량 손해보험) 대여한 스쿠터가 접촉 사고, 넘어짐 등으로 파손되었을 때 이를 보상하는 보험이다. 자차보험은 보험회사에 정식 가입하는 보험이 아닌 스쿠터 대여 업체의 자체 약정이며, 대여 시 가입할 수 있다. 자차보험은 선택 사항이기 때문에 기본 스쿠터 대여료에 추가 비용을 지불해야 한다. 업체마다 자차보험 약정은 조금씩 다르며, 보통 일반자차와 완전자차 중 한 가지를 선택할 수 있다.

일반자차&완전자차 수리비 한도와 면책금의 유무로 일반자차와 완전자차를 구분한다. 만약 일반자차 계약으로 면책금 5만 원, 수리비 한도가 50만 원이라고 치자. 사고 시 수리비가 5만 원 발생하면 면책금 5만 원을 다 내야 한다. 만약 수리비가 50만 원 발생하면 면책금 5만 원만 내면 된다. 수리비가 100만

원 발생하면 면책금 5만 원과 수리비 초과 비용 50만 원을 합쳐 총 55만 원을 내야 한다. 완전자차 계약으로 면책금과 수리비 한도가 없다면 수리비가 100만 원 발생해도 추가 부담하는 금액이 없다.

스쿠터 대여 추천 업체

아래의 스쿠터 대여 업체를 참고하자. 리스트 외에도 크고 작은 대여 업체가 영업 중이나 신규 업체들의 개업과 폐업이 빈번하므로 항상 인터넷을 통해 최신 정보를 검색하자. 스쿠터 대여 요금은 거의 비슷하다. 여행자들의 후기를 꼼꼼히 살펴보고, 빌리고 싶은 스쿠터 기종의 보유 상황, 제공되는 서비스 등을 주의 깊게 살펴보고 스쿠터 렌털 업체를 결정하자.

지역	업체명	전화번호	주소&홈페이지	특징
제주시	고고스쿠터	064-747-7909	제주시 성화로 1길 9 www.gogoscooter.co.kr	서귀포, 중문 반납 가능 (1만 원 운임료 추가), 휴차 보상료, 수리 공임비 청구 없음
	한라하이킹	064-712-2678	제주시 용두암길 52 www.hallahiking.com	휴차보상료, 수리 공임비 청구 없음
	제주힐링스쿠터	1661-1351	제주시 서문로 4 서림타워 1층 1661-1351.com	협재, 중문, 성산에서 반납 가능(2만 원 운임료 추가)
	올레스쿠터	064-752-1325	제주시 용마로 28 llooll.kr	해안도로 근처에 위치, 매장 앞 도로가 넓고 한적하여 연습하기 좋음
	제주스쿠터투어	064-743-3331	제주 제주시 용화로 4 www.jejuscooter.com	우의, 그물망 무료 서비스, 일반자차 1일 8,000원~, 완전 자차 1일 13,000원~, 예약일 1일 전까지 100% 환불
	푸조스쿠터	064-712-1181	제주시 용해로 99 www.peugeotscootersjeju.com	전기종 푸조125cc 프리미엄급 스쿠터
	고스트바이커	070-4079-8950	제주시 서문로 29 www.ghostbiker.co.kr	대배기량 바이크 보유

지역	업체명	전화번호	주소&홈페이지	특징
제주시	제주스쿠터여행	064-722-3700	제주시 서광로 164 www.jejuscooter.co.kr	48시간 이상 예약 시 무료 픽업
	타잰바이크	064-727-8253	제주시 탑동로 133 www.bycrew.co.kr	예약일 10일 전까지 100% 환불
	탐라스쿠터	064-742-5006	제주시 용문로 17길 9 jejuk.com	한림, 중문, 서귀포, 성산 중간 반납 서비스 가능 (2만 원 운임료 추가, 출발 전 선택, 극성수기 불가)
	준바이크	064-702-5542	제주시 오라로 9 www.junebike.co.kr	대배기량 바이크 보유
서귀포시	스쿠터앤프리존	010-3199-5296	서귀포시 서문로 29번길 38-6 jejusfz.co.kr	제주시, 성산 반납 가능 (1~2만 원 운임료 추가)
중문	중문올레바이크	064-738-2119	서귀포시 천제연로 158-4 www.ollehbike.kr	중문관광단지에 위치. 중문 근처 1일 투어에 적합
성산	스쿠터앤프리존	010-3199-5296	서귀포시 성산읍 고성오조로 84번길 11 jejusfz.co.kr	서귀포시 반납 가능(1만 원 운임료 추가)
우도	우도렌트	010-3951-2349	제주시 우도면 우도해안길 84-2 udorent.com	천진항 위치. 일반&전기스쿠터, 일반&전기자전거 대여 가능
	섬투어레져	064-784-0995	제주시 우도면 우도해안길 344	하우목동항 위치. 일반&전기스쿠터, 일반&전기자전거 대여 가능

*2017년부터 렌트한 스쿠터의 우도 반입이 금지되었다. 우도에서 스쿠터를 타고 싶다면 우도에서 스쿠터를 따로 빌려야 한다.

Tip 대여한 스쿠터를 다른 장소에서 반납이 가능할까? 가능하다. 단, 업체가 스쿠터를 화물 트럭에 싣고 오는 비용을 대여자가 지불해야 한다. 매장까지의 거리에 따라 최소 3~5만 원 이상의 비용이 발생한다. 일부 렌트 업체는 제주시와 서귀포시에 지정된 협력 업체에 교체 반납하는 경우 1~2만 원 정도의 비용을 받고 처리해주는 서비스를 제공한다. 자세한 사항은 대여 업체에 문의하자.

내비게이션 사용하기

스마트폰을 내비게이션으로 사용하자

스쿠터 렌털 업체에서는 내비게이션을 따로 대여해주지 않는다. 스쿠터에 스마트폰 거치대는 기본 장착되어 있으므로 가지고 있는 스마트폰을 내비게이션으로 사용하면 된다. 스마트폰으로 내비게이션을 사용하기 위해서는 내비게이션 어플을 설치하여야 한다. T-map, 카카오내비, 네이버 지도 내비게이션 등이 가장 대표적이다. 평소에 내비게이션 어플을 사용하고 있지 않다면 내비게이션 어플을 미리 설치하고 사용법을 익히도록 하자.

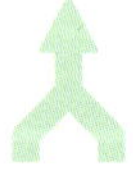

중간 경유지를 적절히 설정하자

내비게이션 사용법은 직관적이고 알기 쉽다. 목적지를 검색하여 설정하면 자동으로 현재 위치에서 목적지까지 경로를 찾아준다. 대부분의 내비 어플은 경로를 찾을 때 목적지까지 빨리 갈 수 있는 큰 도로 위주로 경로를 보여준다. 자동차가 빠르게 달리는 큰 도로는 위험하고 주변의 경치를 즐기는 여행에 적합하지 않은 경우가 많다. 내비 안내를 위한 설정에서 자전거용 안내 모드를 설정하거나 보다 경치가 좋은 코스를 따라가도록 중간 경유지를 적절히 설정하자. 이 책의 코스 정보를 알려주는 주행 로그 파트에 내비게이션용 목적지와 중간 경유지를 충실히 설명하였다. 여행 코스의 출발지에서 주행 로그 정보를 주의 깊게 읽어본 후 내비를 설정하고 스쿠터 운행을 시작하도록 하자.

때로는 자유롭게 달려보자

내비게이션은 빨리 갈 수 있는 길을 안내해줄 뿐이다. 보다 재미있게 스쿠터 여행을 즐기기 위해서는 무조건 내비게이션에만 의지하지는 말자. 해안 도로, 마을길 등 작은 길을 두려워하지 말고, 길을 잃고 헤매기도 하면서 내 마음대로 달려보는 것도 필요하다. 왠지 끌리는 길로 달리다 보면 뜻하지 않게 숨어 있던 보석 같은 장소들이 나타난다. 빠르고 큰 길을 벗어나 구석구석 자유롭게 달릴 수 있는 것이 스쿠터 여행의 진정한 매력이다.

스쿠터 운전하기

모든 스쿠터 대여 업체는 초보자를 위해 출발 전 스쿠터 운전 교육을 실시한다. 스쿠터 조작 방법, 시트 여는 방법, 주유 방법, 탑 박스(스쿠터 뒤 보조석 위에 부착된 짐 보관용 박스) 여는 방법 등 설명을 주의 깊게 듣고 차근차근 연습하도록 하자.

스쿠터 운전을 위한 조작부 알기

1 **속도계** 주행 중 속도가 km/h 단위로 표시된다.

2 **연료량 표시계** 현재 남아 있는 기름 양 표시. E는 Empty(비어 있는), F는 Full(가득한)을 의미한다.

3 **스쿠터 열쇠 구멍** 왼쪽부터 순서대로 LOCK(앞바퀴 잠금), OFF, ON이다.

4 **시동 스위치** 열쇠를 ON으로 돌리고 시동 스위치를 눌러 시동을 건다.

5 **엑셀 레이터&앞 브레이크 레버** 손잡이를 잡고 몸 쪽으로 틀어주면 가속된다. 레버를 꾹 움켜쥐면 앞 바퀴에 브레이크가 걸리면서 멈춘다.

6 **뒷 브레이크 레버** 레버를 꾹 움켜쥐면 뒷바퀴에 브레이크가 걸리면서 멈춘다.

7 **전조등 스위치** 밤에 주행할 때 앞을 환하게 비추기 위해 설치된 전등.

8 **경적 스위치** 사고 방지를 위해 다른 이들에게 경고해 줄 때 사용한다.

9 **방향 지시등 스위치** 좌회전 또는 우회전을 할 때 가고자 하는 방향의 램프를 킬 수 있다.

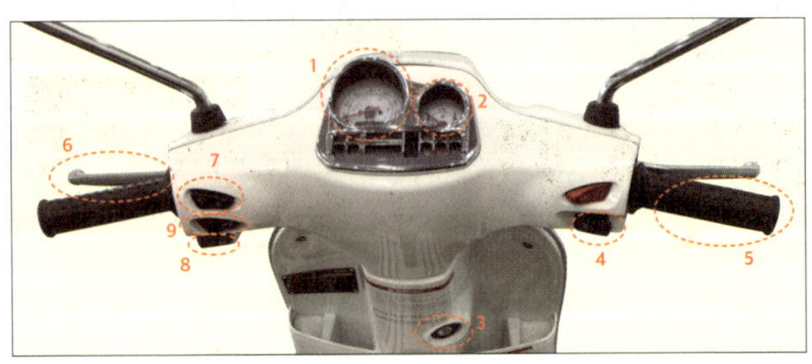

스쿠터 시동 걸고 출발하기

1 양손으로 핸들을 잡고, 스쿠터에 올라앉는다. 이때 양발은 땅에 딛고 기울어진 스쿠터를 똑바로 세워 중심을 잡는다.
2 메인 스탠드 혹은 사이드 스탠드를 올려 접는다.
3 스쿠터 열쇠를 3번 열쇠 구멍에 꽂고, ON 위치까지 시계 방향으로 돌린다.
4 1번 계기판에 불이 들어온 것을 확인한다.
5 왼손으로 왼쪽 핸들과 6번 브레이크 레버를 함께 잡아 스쿠터가 갑자기 튀어나가지 않도록 한다.
6 오른손으로 5번 핸들을 살짝 잡은 상태에서 4번 시동 스위치를 누르면 시동이 걸린다.
7 6번 브레이크 레버를 놓고 왼손으로 왼쪽 핸들을, 오른손으로 오른쪽 핸들을 잡는다. 평지라면 브레이크 레버를 놓는 것만으로도 스쿠터는 조금씩 앞으로 움직인다.
8 오른손으로 5번 엑셀레이터를 몸 쪽으로 천천히 돌려주면 스쿠터가 조금씩 움직인다. 이때 주의할 점은 너무 심하게 갑자기 당기면 스쿠터가 휙 튀어나가며 급발진을 하므로 주의해야 한다.
9 스쿠터 출발과 함께 지면에서 발을 떼고 발판에 발을 올린다.
10 조금씩 엑셀레이터를 당기며 속도를 높여본다.

Tip **브레이크 사용법을 숙지하자!** 달리는 것보다 멈추는 것이 훨씬 중요하다. 주행 중에 갑자기 브레이크를 잡으면 스쿠터가 급정거하며 미끄러지거나 균형을 잃고 넘어지기 쉽다. 브레이크를 천천히 조심스레 잡는 연습을 충분히 하자. 부드럽게 출발하고 부드럽게 멈추는 것이 안전 운전을 위한 핵심! 주행 연습과 정지 연습, 커브 도는 연습을 익숙해질 때까지 충분히 한 후 여행을 시작하자.

스쿠터 운전 시 주의사항

1 급출발, 급정지는 위험! 천천히 출발하고, 부드럽게 정지한다.

2 어깨에 힘을 빼고 양팔을 핸들 위에 가볍게 올린 후 상체를 살짝 숙이고 편안한 자세로 운전한다.

3 출발할 때 속도가 나기 시작하면 발을 모아 발판에 올린다. 주행 중에는 위험하므로 다리가 외부로 흔들리지 않도록 발판 위에 잘 올려놓도록 한다. 멈출 때는 감속되어 정지하기 1~2m 전에 양쪽 발을 벌려 발바닥을 지면에 살짝 대면서 부드럽게 멈춘다.

4 정차한 후 스쿠터에서 내릴 때는 시동을 먼저 끈다. 시동을 끄지 않고 내리면 스쿠터가 움직일 수 있고, 내리며 실수로 엑셀 레이터가 당겨져 사고가 나기 쉽다.

5 스쿠터는 평지에 주차한다. 내리막길에 사이드 스탠드로 스쿠터를 세우면 앞으로 쏠리며 스쿠터가 쓰러지기 쉽다.

6 동승자가 있다면 운전자가 먼저 타서 스쿠터 중심을 잡고 다음에 동승자가 탄다. 내릴 때는 동승자가 먼저 내린 후 운전자가 내린다.

7 스쿠터에 문제가 생겼다면 매장에 연락해 조언을 구하고 전문가의 조치를 받자.

스쿠터 도로 주행 시 유의할 점

일차선 도로에서는 차선의 2/3 지점으로 운행하자

해안 도로, 중산간 도로 등 제주의 도로는 대부분 편도 일차선 도로다. 편도 일차선을 주행할 때는 갓길 쪽 가까이 차선의 2/3 지점으로 운행하자. 차에 비해 스쿠터 속력이 느리므로 뒤에서 차가 다가올 때는 스쿠터를 추월할 수 있도록 길을 터주자. 도로 옆 경계석에 너무 붙어 운행하는 것도 위험하므로 적당히 도로 안쪽으로 운행하도록 하자.

이차선 도로에서는 이차선 중앙에서 운행하자

일주 도로 등 주요 간선도로는 편도 이차선이다. 편도 이차선은 갓길

쪽의 주행 차선인 이차선의 가운데에서 주행한다. 일차선은 빠르게 이동하는 차량을 위한 추월 차선이므로 일차선으로는 운행하지 않도록 한다. 이 도로는 주행 속도도 빠르고 대형 트럭도 많이 다니다 보니 대형 트럭이 일차선으로 추월할 때 추월 차량으로 인한 주행풍으로 스쿠터가 휘청대기 쉽다. 놀라서 핸들이 흔들리거나 경계석 등에 부딪히기 쉬우므로 갓길에 너무 붙어서 운행하지 않는다.

반드시 주행은 도로에서만 하자

스쿠터가 갓길로 운행하거나 자전거 전용 도로로 운행하는 것도 단속 대상이다. 갓길, 자전거길 등에는 흙, 자갈 등도 많고 주민들이 널어놓은 농수산물도 많아 운행에 제약이 많다. 스쿠터 운행은 도로로 하는 것이 안전을 위한 기본.

자신의 페이스를 유지하며 운행하자

스쿠터 여행자가 많은 제주도에는 스쿠터가 조금 느리게 간다고 뒤에서 빵빵대고 위협하는 운전자는 거의 없다. 혹시라도 뒤에서 경적을 울린다 하더라도 당황하지 말고 자신의 페이스를 유지하며 운전하자. 양보해준다고 급하게 갓길 등으로 피하다가 더 위험한 상황을 겪기 쉽다.

과속은 금물!

운전이 익숙해졌더라도 스쿠터 초보자라면 40~50㎞/h 이상의 속력은 위험하다. 갓길에 주차된 자동차에서 갑자기 차 문을 열고 사람이 나오거나 골목길, 교차로 등에서 느닷없이 아이들이나 동물이 뛰어나올 수 있다. 언제든 쉽게 멈출 수 있을 만큼의 속도로 서행하자.

시선은 항상 전방으로!

운전 중에는 항상 전방을 주시하며 급작스러운 상황에 대비한다. 교차로에선 반대쪽 차량들의 움직임을 확인하며 통과하고, 앞뒤에서 함께 달리는 자동차들의 움직임을 예상하며 운전한다. 경치가 좋은 곳에서는 반드시 갓길로 벗어나 멈춘 후에 풍경을 즐긴다.

위험한 운행은 피하자

시내를 벗어나면 가로등이 거의 없다. 익숙하지 않은 길, 깜깜한 야간 운행은 하지 않는다. 일몰 시간을 미리 확인하고, 해지기 한 시간 전엔 필히 숙소에 도착하도록 일정을 계획한다. 흙길, 자갈길 등 쉽게 미끄러지는 비포장도로는 피한다. 말리기 위해 널어놓은 미역, 파래 등 해산물, 물이 고여 있는 곳은 피한다.

비 오는 날의 라이딩

주행 중 비가 내리기 시작했다면 일단 적당한 곳에 스쿠터를 멈추고 비를 피한 후 그치면 출발하자. 제주의 날씨는 변화무쌍해서 금방 비가 그치고 맑은 하늘이 나타나곤 한다. 비가 멈출 기미가 없이 계속 내린다면 비를 피할 수 있는 곳에 들어가 우비를 입고, 짐의 방수 상태를 확인하자. 탑박스에 짐을 넣었다면 방수에는 큰 문제가 없다. 만약 그물망 등으로 묶었다면 가지고 있는 커다란 비닐봉지에 짐을 넣어 다시 그물망에 넣자. 비에 젖은 도로는 미끄럽다. 특히 횡단보도 등 페인트가 칠해진 곳, 맨홀 뚜껑 등에서 급브레이크를 잡을 때 넘어지기 쉽다. 맑은 날보다 속도를 줄이고, 브레이크를 급하게 잡지 말고 천천히 잡자. 비가 너무 많이 내려 운행이 위험하다 판단되면 바로 진행을 멈추고 근처의 숙소를 검색해서 체크인하자. 예약해둔 숙소의 숙박비는 포기해야 하겠지만 사고가 나는 것보단 낫다.

안전한 스쿠터 여행을 위한 준비

안전과 편리함은 반비례 관계다. 온몸을 꽁꽁 감싸고 보호 장비를 착용할수록 사고 시 부상으로부터 자유로워진다. 안전을 위한 사항은 아무리 강조해도 지나치지 않다.

알맞은 옷차림 및 안전 장비

헬멧 헬멧을 쓰지 않을 경우 경찰의 단속 대상이 된다. 얼굴과 턱을 완전히 가려주는 헬멧을 풀 페이스 헬멧, 턱과 안면 부분을 노출하고 귀에서 뒤통수까지 가려주는 헬멧을 오픈 페이스 헬멧, 공사장의 안전모와 같이 머리 부분만을 가려주는 헬멧을 하프 페이스 헬멧이라 한다. 풀 페이스 헬멧이 가장 안전하지만 불편하다. 스쿠터 여행자의 대부분은 가장 가볍고 사용하기 편리한 하프 페이스 헬멧을 사용하지만 최소한 오픈페이스 헬멧 사용을 권한다(물론 풀페이스 헬멧이 가장 안전하다). 오픈 페이스 헬멧을 제공하는 스쿠터 대여 업체도 있으니 알아보자.

풀페이스 헬맷

오픈페이스 헬맷

하프페이스 헬맷

재킷 or 긴팔 옷 사고 시 도로와의 쓸림으로 인한 찰과상을 방지해 줄 수 있는 두꺼운 재킷을 입는 것이 좋다. 하지만 뜨거운 한여름에 재킷을 입는 일은 쉽지 않다. 태양에 의한 화상을 방지하기 위해 최소한 긴팔 옷을 입자. 반팔티를 입었다면 팔토시 착용을 추천한다.

긴 바지 바람에 날려 나풀거리는 치마나 짧은 치마는 스쿠터 운행에 불편함을 준다. 햇빛에 의한 화상을 막기 위해 긴바지를 입자.

운동화 스쿠터를 멈출 때 발로 균형을 잡아야 하며, 혹시 모를 사고 시 발을 보호해야 한다. 한여름이더라도 샌들은 포기하자. 튼튼한 등산화가 가장 좋겠지만 편하고 튼튼한 운동화도 충분하다.

장갑 햇빛으로 인한 화상과 사고 시 찰과상 방지는 물론 운행 중 부딪칠 수 있는 잔돌 등으로부터 손을 보호하기 위해 장갑은 필수. 대여 업체에서 무료 서비스로 목장갑을 기본 제공하기도 한다. 오토바이 라이더용 장갑이면 더 좋겠지만 자전거용이나 헬스용 장갑 등을 가지고 있다면 이를 사용하도록 하자.

보호대 스쿠터 운행이 불안하다면 팔꿈치 보호대, 무릎 보호대 등을 사용하도록 하자. 불편한 만큼 더 안전해진다. 대여 업체에 요청하면 대부분 무료로 대여해준다.

스쿠터 여행을 위한 짐 싸기

스쿠터는 짐을 실을 공간이 부족하니 꼭 필요한 것만 챙기자. 짐이 적어질수록 스쿠터 여행은 쾌적해진다. 캐리어는 스쿠터에 고정하기 까다롭고, 운전에 거추장스럽다. 스쿠터 여행자라면 캐리어 대신 가볍고 스쿠터에 고정하기 쉬운 가방을 사용하자. 기본 방수 기능이 있다면 금상첨화.

운전면허증 스쿠터 렌트 시 필요하다. 면허증을 집에 두고 왔다면 제주공항 내 자치경찰서에 가서 신고를 하고 증명서를 발급받도록 하자. 증명서를 받으려면 주민등록증, 여권 등의 신분증이 필요하다.

방수 바람막이 변덕쟁이 제주 날씨는 언제 비가 내릴지 모른다. 방수 원단으로 만든 바람막이는 비 오는 날씨는 물론 스쿠터를 타고 달릴 때 주행풍으로

인한 체온 저하도 막아준다.

응급용품 만약의 사고를 대비해 일회용 밴드, 소독약 등 간단한 비상약품을 챙기자.

우비 대부분의 스쿠터 대여 업체에서 무료 서비스로 제공해주지만, 가장 저렴한 일회용 비닐 우의라 우의를 입은 채 스쿠터를 타고 달리다 보면 쉽게 찢어지고 바람에 날려 주행에 방해되기 일쑤다. 평소 사용하는 튼튼한 우의가 있다면 잊지 말고 가져가도록 하자.

선크림 한여름 제주의 태양은 살인적이다. 피부가 드러나는 부분은 꼼꼼히 선크림을 발라 화상을 예방하자.

선글라스 강한 햇빛으로부터 눈을 보호하자. 눈부심 방지는 안전 운전을 위해서도 꼭 필요하다. 운행 중 달려드는 날벌레들로부터 눈을 보호하는 것은 덤.

버프or스카프 햇빛으로부터 얼굴과 목을 보호한다. 많은 스쿠터 렌트 업체에서 무료 서비스로 제공한다. 무료 제공이 아니어도 스쿠터 대여 시 쉽게 구매할 수 있다.

야구모자 두상이 작은 여자들의 경우 렌트 업체에서 대여해주는 헬멧이 큰 경우가 있다. 이때 야구모자를 쓰고 헬멧을 쓰면 헬멧이 헛도는 것을 방지해준다.

액션캠 해안도로를 신나게 달리는 영상을 기록으로 남기고 싶다면 고프로 등의 액션캠을 준비하자.

휴대폰 USB 충전 케이블 휴대폰으로 내비게이션을 계속 사용하면서 달리므로 주행 중 충전은 필수다. 스쿠터에 있는 USB 충전 포트에 연결하여 충전할 수 있도록 충전 케이블을 준비하자.

비닐봉지 우천 시 소지품의 방수를 위해 요긴하게 사용할 수 있다. 튼튼한 비닐봉지나 비닐주머니를 몇 개 챙겨가도록 하자.

겨울이라면 방한복&핫팩 겨울의 스쿠터 여행은 추위와의 전쟁이다. 내복, 패딩 등 최대한의 방한 장비를 준비하자. 신발, 장갑 등에 넣어 따뜻함을 유지시켜줄 핫팩은 필수 아이템.

> **Tip 탑박스가 장착된 스쿠터를 빌리자** 그물망 등으로 짐을 묶고 여행하는 것보다 방수와 도난 방지가 가능한 탑박스에 짐을 넣어 여행하는 것이 훨씬 편하다. 탑박스가 달렸다고 대여 비용을 더 받지는 않는다. 대여 업체에서 렌트 시 탑박스가 부착된 스쿠터를 꼭 요청하자.

Part 2

제주 스쿠터 여행 코스

01 제주 서북부　02 제주 서남부　03 제주 동남부　04 제주 동북부　05 제주 우도

01
제주
서북부

제주시 애월읍, 한림읍으로 이어지는 서북부는 제주 스쿠터 여행의 도입부다. 스쿠터를 렌트한 후 바로 한적한 해안 도로로 진입할 수 있기 때문에 초보자도 부담이 적다. 제주 시내에서 가까운 이호테우 해수욕장을 지나 곽지 해수욕장, 협재 해수욕장, 금능 해수욕장으로 이어지는 해안가 마을에는 바다 전망이 멋진 펜션과 카페가 많다. 항파두리 항몽 유적지, 더럭 초등학교, 성이시돌 목장 등 중산간의 명소들도 매력적이다. 일찍이 개발된 지역으로 관광객들을 위한 시설과 볼거리가 풍부하게 준비되어 있어 여행의 즐거움을 더해준다.

원데이 코스

제주를 찾는 관광객 대부분이 여행을 시작하는 곳이지만 대표 관광지를 제외하고는
의외로 한적하고 조용한 동네들이 많다. 날이 맑다면 용두암 바로 옆 민물과 바다가
만나는 용연 계곡의 오묘한 물색을 잠시 감상한 후 본격적인 여행을 시작하자.
공항 아래를 지나는 용담 해안 도로를 달리면 절벽 아래 넘실거리는 푸른 바다와
시원한 바람에 비로소 제주에 왔다는 실감이 난다. 애월 해안 도로, 한림 해안 도로 등
비슷한 듯 다른 해안 도로 라이딩을 즐기다 보면 에메랄드빛 바다 위에 비양도가
그림처럼 떠 있는 협재 해수욕장과 금능 해수욕장에 도착한다.

1 용연&용두암 → **2** 이호테우 해수욕장 → **3** 애월 해안 도로 →

4 곽지 해수욕장 → **5** 협재 해수욕장&금능 해수욕장

총 길이	37km
예상시간	주행 1시간 50분+관광 3시간
난이도	하중
주의사항	제주 도착 후 스쿠터 대여 시 점검 및 운전 연습으로 한 시간은 소요된다. 또 익숙하지 않은 운전에 이동 속도도 느리기 쉽다. 무리하지 말고 첫날 목적지는 멀지 않은 곳으로 하자. 스쿠터를 렌트해 용두암부터 찾아가자. 가장 가까운 관광지이자 복잡한 시내나 일주 도로를 피해 해안 도로로 바로 빠질 수 있는 출발점이다. 공항 근처다 보니 차량 통행이 많고 속도도 빠른 곳이니 긴장을 놓지 말자.

1
용연&용두암
2
1132
이호테우 해수욕장
3
애월 해안 도로
(구엄리 돌염전)
1136
4
곽지 해수욕장
1121
1135
1117
1139
1136
1116
서북부, 이곳만은 꼭 놓치지 말자!
애월 해안 도로 처음 만나는 제주 바다의 웅장함
한담 해안 산책로&곽지 해수욕장 쪽빛 바다와 함께하는 산책로
새별 오름&성이시돌 목장 우람한 제주 서부의 대표 오름과 이국적 풍경이 아름다운 목장
협재 해수욕장&금능 해수욕장 에메랄드빛 바다와 비양도 풍경의 조화
1139

1-2 용연&용두암   8㎞ 약 20분 → 이호테우 해수욕장

용두암을 출발하여 바다를 오른편에 두고 곧장 달리면 용담 해안 도로 카페거리다. 해안 도로가 끝나는 곳에 야트막한 오름 도두봉이 보인다. 도두봉을 지나 바다 가까이 우회전하면 도두항이다. 도두항을 빠져 나오는 길에 있는 '추억애거리'의 민속놀이 조형물들이 재미있다. 추억애거리를 빠져 나와 우회전하면 멀리 이호 방파제와 이호 테우 목마 등대가 보인다. 광활한 이호 방파제에서 내륙 쪽으로 돌아 나오면 바로 이호테우 해수욕장 입구다.

내비 목적지 이호테우 해수욕장 **경유지** 도두항
난이도 하

2-3 이호테우 해수욕장   8.5㎞ 약 20분 → 구엄리 돌염전

이호테우 해수욕장을 오른편에 두고 해안 도로를 따라 마을 내로 이어지는 제주 올레 17코스를 달리면 곧 알작지 해변에 도착한다. 알작지 해변을 지나면 일주 도로로 접어든다. 통행량이 많아지므로 당황하지 말고 자신의 페이스를 유지하며 일주 도로를 달리자. 일주 도로를 4㎞ 정도 달려 하귀 2리 가문동 입구 교차로에서 우회전, 애월 해안 도로로 진입한다. 애월 해안 도로를 따라 직진 후 구엄 포구를 지나치면 바로 구엄리 돌염전이다.

내비 목적지 구엄리 돌염전 **경유지** 알작지 해변
난이도 중하

3-4 구엄리 돌염전 —— 10㎞ 약 30분 →→ 곽지 해수욕장

돌염전, 고내 포구, 애월항까지 이어지는 애월 해안 도로를 따라가는 직진 경로다. 바다로 뚝 떨어지는 해안 절벽 위로 깔린 애월 해안 도로는 오르내림이 심한 편이다. 바다 전망에 한눈을 팔다가는 자칫 위험해질 수 있으므로 반드시 스쿠터를 멈추고 경관을 즐기자. 애월항을 빠져나와 애월로를 달리다 한담 해변으로 진입하면 한담 해안 산책로의 동쪽 입구다. 봄날 카페, 몽상드애월, 놀맨 등 애월의 핫 플레이스가 모여 있어 잠시 들렀다 가도 좋겠다. 단, 해안 쪽으로 내려가는 경사가 심하니 조심하자. 일주 도로를 따라 1.5㎞ 더 달리면 곽지 해수욕장이다.

내비 목적지 곽지 해수욕장 **경유지** 고내 포구, 애월항 **난이도** 중하

4-5 곽지 해수욕장 —— 13㎞ 약 40분 →→ 협재 해수욕장

곽지 해수욕장을 벗어나 일주 도로 1.5㎞를 달려 귀덕 1리 사거리에서 우회전, 한림 해안 도로로 진입한다. 한림 해안 도로를 따라 7㎞ 바다와 함께 달리면 한수풀 해녀학교를 지나 한림항에 도착한다. 내비의 안내를 따라 옹포리 마을을 지나면 협재 해수욕장. 제주 제일의 해수욕장답게 여름엔 차량 정체가 심하다. 바로 옆 600m 정도만 더 달려 한가로운 금능 해수욕장으로 바로 이동해도 좋다.

내비 목적지 협재 해수욕장 **경유지** 한수풀 해녀학교, 한림항 **난이도** 하

공항과 가까운 중산간 마을인 해안동, 광령리, 장전리, 하가리 등에는 놓치기 아쉬운
스폿들이 많다. 하지만 시내 근처이다 보니 복잡하고 큰 도로를 통과할 수도 있어
스쿠터를 처음 타는 초보에게는 주행이 어려울 수 있다. 벚꽃길 드라이브, 돌집을 개조한
작지만 세련된 서점, 유적지보다 꽃밭으로 유명한 항파두리 항몽 유적지, 더럭 초등학교
등 여심을 사로잡는 장소들이 많은 코스이다. 스쿠터 도로 주행이 익숙한
여행자들이라면 도전해보도록 하자.

1 용연&용두암 → **2** 이호테우 해수욕장 → **3 항파두리 항몽 유적지** → **4 더럭 초등학교** →

5 곽지 해수욕장 → **6** 협재 해수욕장&금능 해수욕장

총 길이	55km
예상시간	주행 2시간 50분+관광 3시간 30분
난이도	중
주의사항	항파두리 항몽 유적지와 더럭 초등학교 근처는 다른 곳에 비해
	아이들이 많은 구간이다. 절대 과속하지 말고,
	주변을 살피며 안전에 유의하자.

2-3 이호테우 해수욕장 ——18㎞ 약60분—→ 항파두리 항몽 유적지

이호테우 해수욕장을 지나 해안선을 따라 이어지는 제주 올레 17 코스를 주행하면 알작지 해변에 도착한다. 알작지 해변을 지나 마을을 벗어나면 일주 도로로 진입한다. 차량의 속도도 빠르고 통행량이 많으니 주의하며 운전하자. 일주 도로를 따라 2.5㎞ 달리면 도로 맞은편에 하귀 하나로마트가 있다. 하귀 하나로마트 앞 하귀 입구 사거리에서 하나로 마트를 끼고 좌회전해 하광로로 접어든다. 초록빛 물씬 나는 한적한 오르막길을 달리면 항파두리 항몽 유적지에 도착한다.

내비 목적지 항파두리 항몽 유적지 **경유지** 알작지 해변, 하귀 하나로마트
난이도 중

3-4 항파두리 항몽 유적지 ——9㎞ 약20분—→ 더럭 초등학교

항파두리 항몽 유적지를 출발해 5.5㎞ 달리면 소길리를 지나 중산간의 한가로운 시골길이 이어진다. 여유로운 라이딩 끝에 송낙 교차로에서 우회전, 다시 해안 방향으로 내리막길을 달리면 더럭 초등학교에 도착한다.

내비 목적지 더럭 초등학교 **경유지** 송낙 교차로 **난이도** 하

4-5 더럭 초등학교 ——7㎞ 약30분—→ 곽지 해수욕장

더럭 초등학교 바로 옆 연화못을 지나 사거리에서 좌회전 후 1.2㎞ 달리면 고내리 사거리에서 다시 일주 도로와 만난다. 빠른 차량 운행을 조심하며 일주 도로를 달리다 우회전해 애월리 사무소를 경유, 토비스 콘도를 지나 우회전하자. 내리막길을 따라 한담 해변으로 내려가면 봄날 카페다. 봄날 카페가 있는 한담 해변은 길이 좁고 가파른 내리막길이다. 자동차와 사람들로 항상 붐비는 곳이니 운전에 특히 조심하자. 한담 해변에서 일주 도로를 따라 1.5㎞ 더 달리면 곽지 해수욕장이다. 한담 해변에서 되돌아 올라갈 때도 경사가 가파르니 조심하자.

내비 목적지 곽지 해수욕장 **경유지** 애월리 사무소, 봄날 카페 **난이도** 중

추가 코스 2  새별 오름 – 성이시돌 목장 루트

바다, 오름, 목장까지 제주의 매력을 한 번에 둘러보며 인생 사진을 남길 수 있는 코스.
서쪽의 대표 오름인 새별 오름, 이효리의 뮤직비디오 촬영지 금 오름, 셀프 웨딩 촬영의
성지 성이시돌 목장과 명월리 팽나무 군락지, 핑크뮬리 물결에 온통 마음을 빼앗길 키친
오즈 등 포토 스폿이 끊임없이 이어진다. 아침 일찍 스쿠터를 렌트해 출발하지 않는다면
하루 만에 둘러보기엔 시간이 부족한 코스이니 꼭 가고 싶은 곳만 적절히 선택하는
센스도 필요하다.

1 용연&용두암 → **2** 이호테우 해수욕장 → **3** 애월 해안 도로 → **4** 곽지 해수욕장 →
5 새별 오름 → **6 성이시돌 목장** → **7 명월리** → **8** 협재 해수욕장&금능 해수욕장

총 길이	70km
예상시간	주행 3시간 10분+관광 4시간
난이도	중
주의사항	새별 오름 앞을 지나가는 1135번 도로 '평화로'는 제주시와 모슬포를 잇는 주요 간선 도로다. 고속 도로라고 착각될 만큼 차량의 속도가 빠르고 통행량도 많다. 평화로로 진입하지 말고 평화로 옆의 이면 도로로 운행하자.

4-5 곽지 해수욕장 25㎞ 약 1시간 20분 → 새별 오름

일주 도로를 1.5㎞ 달려 한림 해안 도로로 진입한다. 한림항에서 해안 도로를 벗어나 오르막길을 달려 새별 오름을 향한다. 내비게 이션이 평화로를 안내하기 쉽다. 그러나 평화로는 저배기량 스쿠 터로 달리기에는 위험하다. 평화로 직전 제주 우유를 지나 평화로 아래 터널로 진입하지 말고, 바로 좌회전하여 평화로 옆 이면 도로 를 따라 새별 오름으로 진입하자.

내비 목적지 새별 오름 주차장 **중간 경유지** 한수풀 해녀학교, 한림항 **난이도** 하중

5-6 새별 오름 6㎞ 약 10분 → 성이시돌 목장

새별 오름에서 나와 평화로 옆으로 나란히 난 이면 도로를 따라가 자. 이면 도로를 따라 1.2㎞, 그리스 신화 박물관이 나오면 우회전, 조금 달리다 보면 오른쪽에 '왕따나무'라 불리는 나홀로나무가 있 으니 사진 한 컷 찍고 가도 좋다. 이 나무를 지나 사거리에서 좌회 전하면 성이시돌 목장이다.

내비 목적지 성이시돌 목장 **중간 경유지** 새별 오름 나홀로나무 **난이도** 하

6-7 성이시돌 목장 8㎞ 약 20분 → 명월리

성이시돌 목장에서 나와 2㎞ 정도 산록남로를 따라 달리면 나오는 금 오름 입구를 지나 6㎞ 정도 더 달리면 명월리 마을길로 들어선 다. 명월리 메인 도로를 따라 오래된 팽나무가 군락을 이루고 있다.

내비 목적지 명월리 사무소 **중간 경유지** 금 오름 **난이도** 하

Tip **10월이라면 명월리 대신 키친 오즈로!** 성이시돌 목장 → 키친 오즈 : 10월에는 명월리 팽나무보다 키친 오즈의 핑크뮬리를 보러 가기를 권한다. 중산간 마을의 한적한 도로를 달리는 것이라 부담 없다. **내비 목적지** 키친 오즈 **주행 거리** 11㎞ **주행 시간** 약 20분 **난이도** 하

7-8 명월리 5㎞ 약 10분 → 협재 해수욕장

명월리를 벗어나 해안을 향해 3㎞ 내리막길을 달리면 협재리 마 을이다. 마을을 관통하는 한림로를 따라 600m 정도 달리면 협 재 해수욕장. 한여름 휴가철에는 차량 정체도 심하고 주차하기 까다로울 수 있다. 600m 정도 더 달리면 금능 해수욕장인데, 한 적하고 주차장도 넓다.

내비 목적지 협재 해수욕장 **난이도** 하

용연&용두암

✉ 제주시 용두암길 15
₩ 입장 무료

스쿠터 인수 후 곧바로 시내나 일주 도로 주행이 두려운 초보자들이라면 무조건 용두암으로 가자. 바로 옆 용연도 좋다. 바로 이곳에서부터 서쪽으로 향하는 해안 도로가 시작되기 때문이다. 용두암은 높이 10m 가량의 바위로, 오랜 세월 파도와 바람에 의해 빚어진 모양이 용의 머리와 닮았다 하여 붙여진 이름이다.

전설에 의하면 용 한 마리가 한라산 신령의 옥구슬을 훔쳐 용연 계곡에 몸을 숨겼다가 승천하려 했으나 용연이 끝나는 바닷가에서 들키고 말았다고 한다. 한라산 신령의 활을 맞고 바다에 떨어져 몸은 바닷속에, 머리는 하늘을 바라보는 형태로 굳어졌다고 전해진다.

용두암에서 동쪽으로 200m 정도 떨어진 곳에 있는 용연 계곡은 바닷물과 민물이 만나 맑은 날에는 특히 오묘한 물빛을 보여주는 곳이다. 높이 7~8m의 기암절벽이 펼쳐져 있고, 계곡 위를 가로지르는 구름다리가 있다. 용연 구름다리 입구에 스쿠터를 주차할 수 있고, 용두암에는 넓은 공영 주차장이 있다.

용담삼동

1

용연&용두암

용담이동

S-Oil주유소

제주국제공항

SK주유소

Cafe

① 닐모리동동

제주 최초의 로컬 푸드 카페. 한라산 모양의 눈꽃빙수는 오픈 초기부터 지금까지 스테디셀러이며, 각종 파스타와 피자 등 식사 메뉴도 맛있다.

✉ 제주시 서해안로 452 📞 064-745-5008 [OPEN] 10:00~22:00 ₩ 한라산빙수 12,000원, 파스타·피자·파에야 18,000원

② 카페 도두

심슨 가면을 쓰고 사진 찍을 수 있는 바다 전망 콘셉트 카페.

✉ 제주시 서해안로 342 📞 064-745-1316 [OPEN] 10:00~22:00 ₩ 커피류 4,500~5,500원, 레몬·자몽·블루베리 에이드 6,000원

Restaurant

③ 김희선 몸국

해조류인 모자반을 이용해 만든 제주 토속 음식인 몸국. 돼지 사골을 푹 고아 만든 육수에 양념장을 넣어 비리지 않고 얼큰한 맛으로 유명하다. 바로 옆에 위치한 용연 구경 후 가볍게 식사하기 좋다.

✉ 제주시 흥운길 73 📞 064-745-0047 [OPEN] 월~금 07:30~17:00, 토 07:30~15:00(일 휴무) ₩ 몸국 6,000 월, 고사리육개장 6,000원, 성게미역국 8,000원

④ 부르네 비어가든

음료, 식사, 술을 모두 팔면서 전망과 분위기, 맛을 모두 놓치지 않은 곳. 리소토를 튀겨낸 아란치니가 특히 인기다.

✉ 제주시 서해안로 376 📞 010-9946-0559 [OPEN] 10:00~24:00 ₩ 오징어먹물 아란치니 12,000원, 프렌치프라이 8,000원, 파스타 13,000원~, 레몬에이드 5,500원 📷 @brne_beergarden

게스트하우스 정보는 관덕정&제주목관아 참고

조랑말 등대가 있는

이호테우 해수욕장

제주시 도리로 20
₩ 입장 무료

제주 시내와 가장 가까이 위치해 있고, 제주 올레 17코스가 지나가는 이호테우 해수욕장은 제주 시민들이 즐겨 찾는 곳이다. 또 공항과 가까워 관광객들도 쉽게 들러 자투리 시간을 때우곤 하는 곳이다.

이호동의 '이호'와 통나무를 엮어 만든 배인 '테우'에서 유래된 이름이다. 너른 모래사장 뒤 파도치는 바다 위로 끊임없이 뜨고 내리는 비행기를 바라보고 있자면 여행의 설렘이 배가 된다. 해수욕장 동쪽 끝 이호항에는 조랑말을 형상화한 빨간색과 흰색 등대가 있어 제주를 대표하는 색다른 포토 스폿으로 사랑받고 있다.

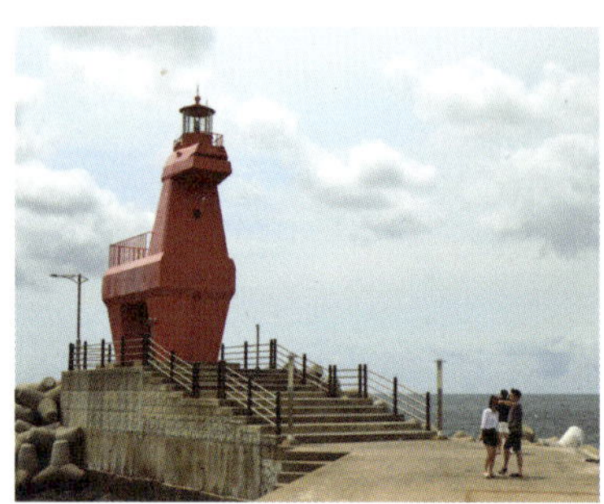

Tip 등대 바로 앞에는 넓은 주차장이 있다. 해수욕장을 가까이 보고 싶다면 조금 더 달려 해수욕장 공영 주차장으로 가자. 혹시 자리가 없으면 주차장의 서쪽 출구로 빠져나가 도로 한쪽에 세워도 좋다. 카페나 식당들도 이곳에 있다.

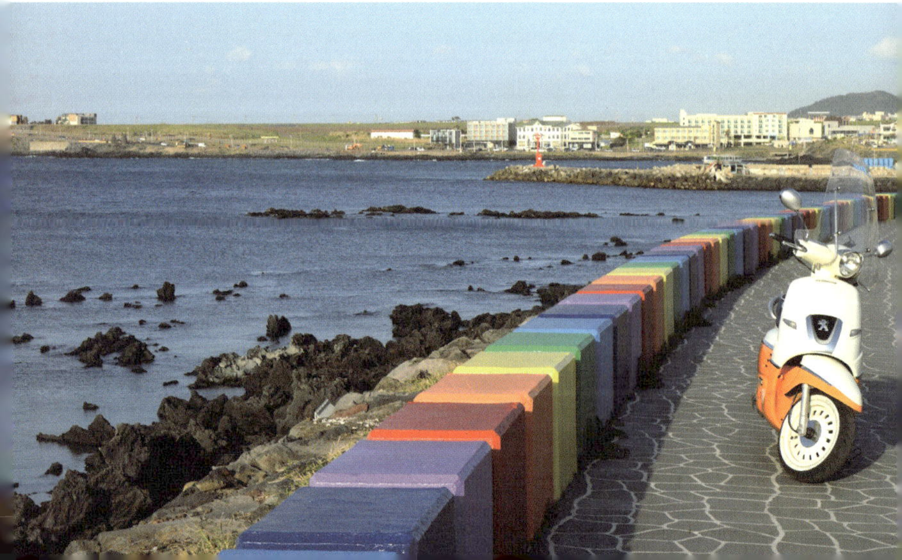

Cafe

① 아일랜드 팩토리

이호테우 해안이 한눈에 펼쳐지는 곳에 위치하며, 원두를 직접 로스팅하여 커피 맛이 훌륭하다.

✉ 제주시 테우해안로 162 ☎ 010-4604-3674 OPEN 11:11~11:11 ₩ 아메리카노 4,300원, 오레오 프라프치노 6,500원

② 니모메 빈티지 라운지

탁 트인 바다 풍경과 넓고 푸른 잔디밭, 파라솔까지 낭만적인 빈티지 스타일의 카페.

✉ 제주시 일주서로 7335-8 ☎ 064-742-3008 OPEN 10:30~22:00 ₩ 아메리카노 4,000원, 니모메선셋 8,000원, 아인슈페너 7,000원 ⓞ @nimome_jeju

Restaurant

③ 순옥이네 명가

전복의 쫀득한 식감이 살아 있는 시원한 전복 물회 맛집. 긴 대기 줄은 각오하고 가야 한다.

✉ 제주시 도공로 8 ☎ 064-743-4813 OPEN 09:00~15:00, 17:00~20:30(명절 연휴 휴무) ₩ 전복물회 15,000원, 순옥이네 물회(전복+소라+해삼) 13,000원, 해물뚝배기 15,000원

④ 돈사돈

제주 흑돼지 연탄구이의 지존. 반찬은 오직 김치, 파절임, 무절임뿐. 멜젓에 찍어 먹는 고기 맛으로 승부한다.

✉ 제주시 우평로 19 ☎ 064-746-8989 OPEN 12:30~22:00(둘째 주 화 휴무) ₩ 흑돼지 근고기(600g) 54,000원, 김치찌개 7,000원

Entertainment

⑤ 알작지 몽돌 해변

제주도에서 드문 몽돌 해변이다. 고요한 날 파도에 쓸릴 때마다 들리는 몽돌 소리를 듣고 있자면 마음이 편안해진다. 마을 골목길이 좁고 구불구불하니 주의하자.

✉ 제주시 테우해안로 60 ₩ 무료

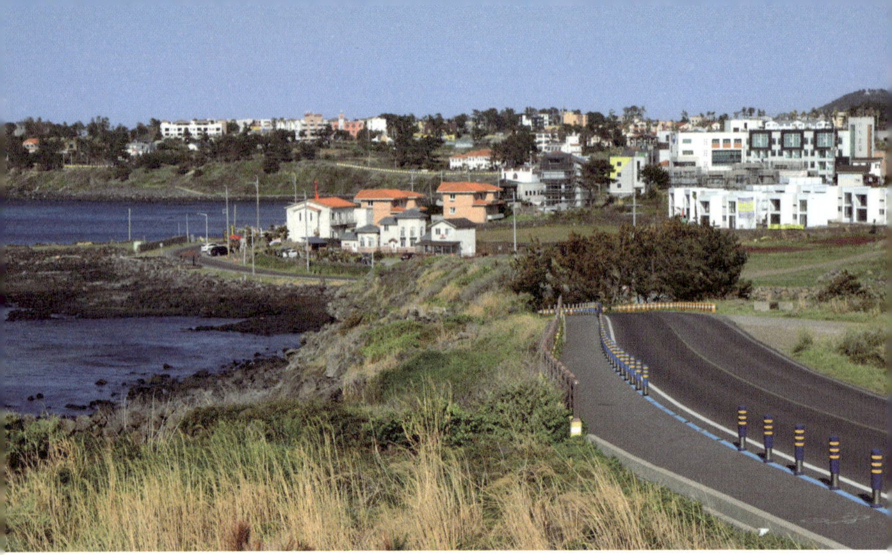

바다 곁을 달리는 롤러코스터

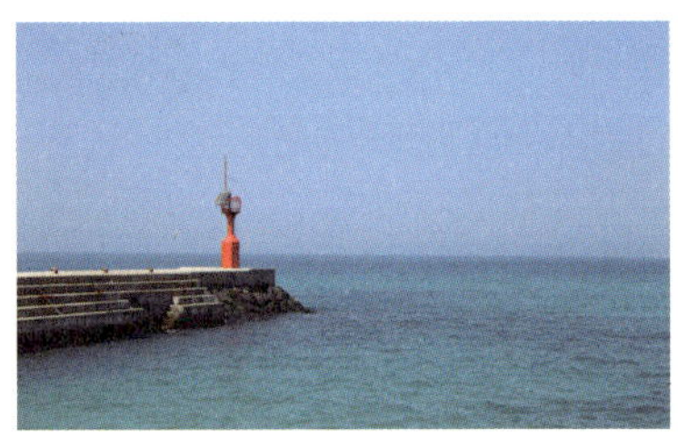

애월 해안 도로

제주시 애월읍 구엄리

제주 시내를 벗어나 서쪽으로 달리다가 만나는 첫 번째 제대로 된 바다 풍경. 애월 해안 도로를 달리며 만나는 제주 해안 도로의 라이딩은 가슴속에 잊히지 않는 장면으로 남는다.

전망 좋은 언덕을 굽이굽이 오르내릴 때마다 나타나는 수평선, 깊고 검푸른 바다, 절벽 아래 부서지는 하얀 파도, 바다 풍경이 지루해질 때쯤 적당히 나타나는 아담한 작은 포구들.

구엄 포구 구엄리 돌염전에서 시작되는 애월 해안 도로는 신엄 포구, 고내 포구까지 9㎞를 쉬지 않고 달려 어딘지 스산한 애월항에서 끝을 맺는다. 해안 도로의 전망 좋은 언덕마다 자리 잡은 벤치를 만날 때면 잠시 멈춰 전망을 즐겨보자.

굴곡진 해안선을 따라 스쿠터와 함께 달리다 보면 누구나 가슴이 떨리게 마련이다. 그렇게 제주와의 사랑이 시작된다.

Cafe

① 카페 소금

아기자기하게 꾸민 돌집에서 구엄 돌염전을 바라보며 단짠의 진수를 맛볼 수 있는 소금커피를 마셔보자. 포트투갈의 마자그란, 쿠바 커피 등 세계 각국의 독특한 커피 메뉴도 있어 고르는 재미가 있다.

✉ 제주시 애월읍 구엄길 96 OPEN 월~토 10:00~22:00, 일 14:00~22:00 ₩ 소금 커피 6,000원, 소금라테 6,500원, 마자그란 6,000원 ⓞ @cafesogm96

② 리치 망고

해안 드라이브 끝에 마시는 진한 망고주스. 연예인 이름의 대기 푯말을 주고 불러주니 부끄러움 주의.

✉ 제주시 애월읍 애월해안로 272 ☎ 070-4243-5959 OPEN 4~9월 10:00~20:00, 10~3월 10:00~18:30 ₩ 스페셜 망고셰이크 6,500원, 망고라시 6,000원 ⓞ @richmango_aewol

Restaurant

③ 고불락 식당

상추 한 장에 한 입 크기의 밥이 일일이 싸여져 들깨 소스와 함께 나온다. 제육볶음과 한 세트. 상추쌈에 매콤한 제육볶음 한 점 올리고, 들깨 소스를 찍어 먹으면 든든한 한 끼 완성.

✉ 제주시 애월읍 고내로7길 45-12 ☎ 064-799-0393 OPEN 08:00~21:00 ₩ 상추밥 1인 13,000원, 고등어조림(대) 25,000원

④ 로맨스 홍

애월 바다를 향해 모든 좌석이 바 테이블 형식으로 마련되어 있다. 떡볶이, 김치볶음밥 등 평범한 메뉴지만 예쁘고 푸짐하게 차려진 한 끼 식사를 바닷바람과 함께 먹다 보면 특별한 맛이 된다.

✉ 제주시 애월읍 애월해안로 232-1 OPEN 10:00~21:00(둘째, 넷째 주 수 휴무) ₩ 국물떡볶이 8,000원, 흑돼지완자카레덮밥 11,000원, 해물김치볶음밥 11,000원 ⓞ @romance.hong

구엄리 돌염전

⑤ 신의한모

바닷가에서 즐기는 두부의 무한 변신. 두부 단품부터 두부탕, 두부덮밥, 두부샐러드 등 콩과 두부를 테마로 한 메뉴를 판매한다.

✉ 제주시 애월읍 고내로7길 45-12 ☎ 064-712-9642 OPEN 11:30~22:00(브레이크 타임 15:00~17:30, 월 휴무) ₩ 오보로 두부 5,500원, 간장게장낫또덮밥 13,000원, 모듬튀김우동 9,000원, 두부함박스테이크 15,000원, 콩국수 10,000원 ◎ @jejutofu

Entertainment

⑥ 구엄리 돌염전

'소금빌레'라고도 불린다. '빌레'는 넓게 펼쳐진 너럭바위를 뜻하는 제주어. 바닷가 현무암 빌레 위에 찰흙으로 턱을 만들고 바닷물을 퍼 올려 건조해 소금을 생산했다. 현재 소금 생산은 하지 않지만 복원된 거북이 등 같은 돌염전 옛 모습이 당시를 짐작하게 한다. 애월 해안 도로의 시작점에서 잠시 한숨 돌리고 가기 좋다.

✉ 제주시 애월읍 애월해안로 715-1 ₩ 무료

Shopping

⑦ 베리 제주

제주를 담아낸 다양한 작품을 판매하는 소품 숍. 물건 종류가 다양해 제주 기념품을 구입하기 좋다.

✉ 제주시 애월읍 고내로7길 45-14 ☎ 064-746-7520 OPEN 10:00~18:00 🌐 www.veryjeju.com

⑧ 모랑큼이랑

제주와 캠핑을 주제로 만드는 소품 공방. 현무암과 나뭇가지를 이용해 모닥불 모양으로 만든 미니 조명이 시그니처 제품이다. 미리 신청하면 이를 직접 만들어볼 수 있는 원데이 클래스도 진행한다.

✉ 제주시 애월읍 고내안길 8 OPEN 12:00~작업 끝나는 시간(월 휴무) ◎ @morangceumeerang

시원한 용천수가 솟아나는
곽지 해수욕장
(구 곽지과물 해수욕장)

제주시 애월읍 곽지리 1565
입장 무료

빗물이 지하로 스며들어 흐르다 암석이나 지층의 틈새를 통해 땅 위로 솟아나는 물을 용천수라 한다. 제주 방언으로 이를 과물이라 한다. 물이 부족한 제주에선 과물이 솟는 곳에 마을이 형성되어 있는데, 곽지리는 그렇게 형성된 마을 중 하나다.

해변 곳곳에서 차가운 용천수가 몽글몽글 솟아난다. 모래 사이로 솟아나는 용천수 구멍에 가만히 발을 묻고 있으면 한여름에도 한기에 발이 시리다. 넓은 백사장, 얕고 완만한 바다는 아이들, 가족 동반 여행자들이 물놀이하기 최적의 해수욕장이다. 그중 백미는 용천수로 씻을 수 있는 과물 노천탕이다. 물놀이를 마치고 얼음물처럼 차가운 용천수로 온몸의 소금기를 덜어내면 이보다 더 좋을 수 없다.

과물 노천탕은 남탕과 여탕으로 구분되어 있다. 노천탕의 물은 바다로 바로 흘러가므로 비누 등 목욕 용품의 사용은 엄격히 금지된다.

물놀이를 마치고 동쪽 한담 해변까지 이어지는 한담 해안 산책로를 가볍게 걷자. 기괴한 모습의 현무암 사이로 이어지는 길은 에메랄드빛 애월 바다와 함께다. 걷다 보면 어느새 봄날 카페. 향기로운 커피 한 잔 마시고 돌아와도 좋겠다.

③ 애월더선셋

애월 바다를 내려다보며 즐기는 감성 충만한 브런치 카페. 화이트와 핑크색이 메인 컬러인 내부에는 드라이플라워와 각종 식물로 꾸며진 취향 저격 카페다.

✉ 제주시 애월읍 일주서로 6111 ☎ 064-799-5943 OPEN 하절기 10:00~20:00, 동절기 10:00~19:00 ₩ 아메리카노 5,000원, 과일에이드 7,000원, 브런치 19,500원

Restaurant

④ 카페태희

물놀이 후엔 막 튀긴 피시앤칩스와 맥주 한잔! 출출할 때는 쉬림프버거도 옳은 선택이다. '효리네 민박' 때문에 유명세를 탔다.

✉ 제주시 애월읍 곽지3길 27 ☎ 064-799-5533 OPEN 09:00~21:00 ₩ 피시앤칩스 14,000원, 체다버거 8,000원, 새우버거 10,000원

⑤ 몬스터 살롱

제주산 한우와 흑돼지로 만들며, 주문 즉시 숯불 직화로 요리해 육즙이

Cafe

① 봄날 카페

애월 한담 해변 1호 카페. 바닷물이 카페 창 밑으로 넘실거려 마치 바다 한가운데서 커피를 마시는 듯하다. 봄날의 마스코트인 반려견 웰시코기가 입구에서 반겨주며, 카페로 입장하는 순간 곳곳이 포토 스폿이다.

✉ 제주시 애월읍 애월로1길 25 OPEN 09:00~21:00 ₩ 아메리카노 5,000원, 스페셜티커피 6,000원, 천혜향주스 7,500원 🌐 www.jejubomnal.com

② 몽상드애월

한담 해변 언덕 위에 자리 잡은 빅뱅 지드래곤이 디자인한 카페. 반사 유리로 이루어진 건물에 주위의 풍경이 그대로 반영되어 환상적이다. 노을 질 때 특히 멋진 곳. 성수기, 주말에는 사람이 너무 많아 혼잡하다.

✉ 제주시 애월읍 애월북서길 56-1 ☎ 064-799-8900 OPEN 09:00~19:00 ₩ 아메리카노 6,000원, 애플망고주스 12,000원, 조각 케이크 8,000원 📷 @monsant_official

살아 있는 몬스터 버거. 50cm 롱 추로스와 봉자주스(한라봉+유자)도 유명하다.

✉ 제주시 애월읍 일주서로 6017 ☎ 064-799-5310 OPEN 10:00~18:30 ₩ 슈퍼맨세트(추로스+봉자주스) 8,000원, 몬스터한우버거 8,900원

⑥ 곽지Bar다

곽지 바다 앞 작은 돌창고를 개조해 오픈한 밥집 겸 술집.

✉ 제주시 애월읍 곽지1길 18 ☎ 010-2975-1844 OPEN 11:00~21:30(브레이크 타임 15:00~17:30, 목 휴무) ₩ 쌀국수 9,000원, 볶음쌀국수 12,000원, 문어샐러드 20,000원, 한라산소주 1잔 500원

⑦ 놀맨

한담 해변 바로 앞에 위치한 방송도 많이 탄 해물라면집. 정감 가는 제주 돌집에서 즐기는 얼큰한 해물라면이 시원하다. 번호표를 뽑고 대기해야 할 정도로 사람이 붐비는 것이 단점.

✉ 제주시 애월읍 애월로1길 24 ☎ 064-799-3332 OPEN 하절기 10:00~18:00 동절기 10:00~16:00 (브레이크 타임 13:00~14:00) ₩ 해물라면 8,000원

Entertainment

⑧ 한담 해안 산책로

곽지 해수욕장 동쪽 끝에서 한담 해안까지 이어지는 1km 길이의 해안 산책로. 애월 바다를 음미하며 잘 정비된 산책로를 천천히 걸어도 20분이면 반대편에 도착한다.

✉ 제주시 애월읍 애월로 11 ₩ 무료

Guest House

⑨ 마농 게스트하우스

곽지 해수욕장과 가까우면서도 조용한 돌집 숙소. 공용 공간에 미니 족욕기가 있어 하루의 피로를 풀기 좋다. 사장님 부부의 넘치는 친절함 또한 포인트. 조식 포함(독채 이용 시 조식 불포함).

✉ 제주시 애월읍 금성3길 9 ☎ 010-3257-4640 ₩ 2인실 60,000~70,000원, 3인실 80,000~90,000원, 독채 130,000~190,000원 🌐 blog.naver.com/hkgu1217

⑩ 정글 게스트하우스

거대한 나무 기둥 모형이 감싸고 있는 투박하기 그지없는 건물 안으로 들어가면 아기자기하고 깨끗한 객실이 나타난다. 곽지 바다 뷰는 덤이다. 조식 포함.

✉ 제주시 애월읍 곽지11길 7 ☎ 010-4335-6648 ₩ 더블룸 1인 70,000원, 2인 90,000원 🌐 cafe.naver.com/jguestj

⑪ 그레이 게스트하우스

세련된 커피 바 '그레이'에서 운영하는 숙소. 1인 1박 전용으로 매우 조용하고 깔끔하다. 건물 밖으로 몇 발자국만 걸어가면 곽지 해수욕장. 1층 카페에서 판매되는 메뉴를 30% 할인받을 수 있는 점도 매력적. 조식 포함.

✉ 제주시 애월읍 곽지3길 21 ☎ 010-5766-0952 ₩ 도미토리 비수기 25,000원, 성수기 30,000원 🌐 blog.naver.com/gray_monkey

협재 해수욕장&금능 해수욕장

협재 해수욕장 ✉ 제주시 한림읍 협재리 2497-1
금능 해수욕장 ✉ 제주시 한림읍 금능리 2038

협재 해수욕장과 금능 해수욕장은 나란히 이웃해 있다.

드문드문 드러난 검은 암반과 대비되는 하얀 모래사장이 어우러진 협재 해수욕장과 금능 해수욕장은 '제주도 푸른 바다' 하면 떠오르는 그 이미지 딱 그대로다. 협재와 금능 해수욕장은 에메랄드 물빛과 바나 너머 손에 잡힐 듯 떠 있는 섬 비양도를 품에 안은 풍경은 비슷하지만 그 느낌은 조금 다르다. 협재 해수욕장은 조금 더 인기가 있는 만큼 상업 시설이 많고, 여행자들이 몰려 늘 활기차다. 반면에 금능 해수욕장은 어딘지 한적하다. 관광지라기보다는 동네 사람들만 아는 비밀의 해변 같다. 금능 해수욕장의 백미는 야자수가 우거진 숲속 안에 있는 금능 야영장이다. 쪽빛 바다와 어우러진 야자수 그늘 아래 캠핑장은 카리브해의 어느 섬에 온 듯한 풍광을 연출한다. 여름 성수기 협재 해수욕장 앞 도로는 관광객들로 북적이고 차량 정체가 심하다. 자동차로 막힌 한림로보다 해안 가까운 마을 내 도로를 천천히 스쿠터로 달려 협재 해수욕장으로 이동해도 좋겠다.

Tip 비양도에 가려면 한림항에서 배를 타면 된다. 비양도 둘레는 걸어서 한 시간, 정상까지 왕복 한 시간 정도 걸린다. 시간 여유가 있는 여행이라면 한나절 비양도를 다녀와도 좋겠다. 스쿠터는 배에 실을 수 없으므로 선착장에 주차해 놓고 다녀와야 한다.
✉ 제주시 한림읍 한림해안로 196
TIME 한림항→비양도 09:00, 12:00, 14:00, 16:00
비양도→한림항 09:16, 12:16, 14:16, 16:16
₩ 배 요금 왕복 9,000원

Cafe

① 카페 쉼표

협재 해변이 눈앞에서 파노라마로 펼쳐지는 카페. 오메기감저빙수가 여름철 시그니처 메뉴이다.

✉ 제주시 한림읍 한림로 359 ☎ 064-796-7790 OPEN 09:00~23:00 ₩ 오메기감저빙수 14,000원, 커피류 4,000원~6,000원, 한라봉차 5,500원

② 최마담네 빵다방

기와지붕을 이고 있는 단단한 돌집의 외관에는 거의 손을 대지 않고 실내만 리모델링한 카페. 잘 가꾸어진 정원을 지나 한 단 내려앉은 카페 입구로 들어서면 아늑한 실내에 맛있는 빵 냄새와 커피향이 가득하다.

✉ 제주시 한림읍 한림로 417 ☎ 064-796-6872 OPEN 11:00~20:00(목 휴무) ₩ 핸드드립커피 6,000~7,000원, 차 종류 5,500원, 빵 4,000~5,000원

③ 앤트러러사이트 제주한림점

고구마 전분 공장을 개조한 리얼 인더스트리얼 카페. 멈춰버린 녹슨 기계와 공구, 울퉁불퉁한 돌바닥, 그 틈에서 자라난 식물들까지 모두 그대로 두었다.

✉ 제주시 한림읍 한림로 564 ☎ 064-796-7991 OPEN 10:00~19:00 ₩ 커피류 4,000~6,500원, 레몬에이드 6,500원, 쇼콜라 파운드 4,500원

④ 금능반지하

금능 바닷가 외딴 곳, 건물의 반쯤은 검은 자갈밭에 묻혀 있는 진짜 반지하 작은집이다. 위트 넘치는 사장님이 술과 커피를 권하고, 뒷마당에 아무렇게나 걸터앉아 금능 바다의 일몰을 감상하기 좋다.

✉ 제주시 한림읍 금능9길 30 OPEN 11:00~21:00(화 휴무) ₩ 커피류 4,000~6,000원, 에이드·주스 6,000원, 맥주 6,000~9,000원 📷 @b1jeju

Restaurant

5 명랑스낵

짜장떡볶이가 별미인 집. 옥상에 올라가면 비양도를 바라보며 즐길 수 있다. 오랜 시간 줄 서서 기다려야 하는 건 각오하고 가자.

✉ 제주시 한림읍 한림로 585 [OPEN] 11:30~18:30(마지막 주 수 휴무) ₩ 떡볶이 4,000원, 짜장떡볶이(2인분) 10,000원, 한치튀김 12,000원, 흑돼지튀김 7,000원 [📷] @cheerful_snack

6 밥깡패

싱싱한 제주 해산물이 듬뿍 올라간 해녀파스타가 유명하다. 곳곳에 쓰인 센언니스러운 멘트와 다르게 실제로는 세심하고 친절하게 손님을 대한다. 인테리어 센스 또한 수준급. 오전 8시부터 방문 예약이 가능하니 가능하면 예약을 하고 가자.

✉ 제주시 한림읍 한림로4길 35 ☎ 064-700-0100 [OPEN] 11:00 재료 소진 시(일 휴무) ₩ 흑돼지두부커리 13,000원, 해녀파스타 23,000원 [📷] @babcafe_jeju

Shopping

7 인생밥집

가정집을 개조하여 가족끼리 운영하는 최대인원 6인의 작은 밥집. 제철 싱싱한 식재료를 그날 소비할 만큼만 준비하여 정성스럽게 조리한 요리가 일품이다.

✉ 제주시 한림읍 문교길 6 ☎ 010-6501-5073 [OPEN] 11:00~18:00 (일 휴무, 재료소진시 조기마감) ₩ 전복해물볶음밥 15,000원, 전복딱새우장정식 17,000원

8 수우동

비양도를 바라보며 먹는 바삭한 돈가스와 냉우동 맛집. 새벽(오전 7시)부터 부지런히 대기 명단에 이름을 올려야 식사 시간에 맞춰 맛볼 수 있다. 근처에 수돈가스를 오픈했으니 돈가스 마니아들에게는 희소식!

✉ 제주시 한림읍 협재1길 11 ☎ 064-796-5830 [OPEN] 월11:00~16:00 수~일11:00~10.30(브레이크 타임 16.00~17.00, 화 휴무) ₩ 수우동 7,000원, 자작냉우동 9,000원, 일식돈가스 10,000원

9 북스토어 아베끄

좁은 골목길 끝 아담한 집 한 채에 꾸며진 작은 책방 겸 민박집. 사랑과 연애를 테마로 한 책이 많고, 한쪽 코너는 헌책방과 소품 숍으로 꾸며져 있다. 책방 영업이 끝나고 대문을 닫으면 책방 한쪽에 딸린 작은방에 묵어가는 민박 손님만을 위한 작은 도서관으로 변신한다.

✉ 제주시 한림읍 금능9길 1-1 ☎ 010-3299-1609 [OPEN] 12:00~18:30(목 휴무) [📷] @bookstay_avec

10 서쪽가게

협재 해수욕장 입구에 위치한 빈티지 소품 숍. 인도, 동남아, 일본, 포르투갈 등 세계 각국에서 수입해온 소품, 의류, 액세서리 등으로 작은 가게가 꽉 채워져 있다. 가격대는 다소 높은 편.

✉ 제주시 한림읍 한림로 335 ☎ 064-796-8178 [OPEN] 동절기 11:00~21:00, 하절기 12:00~22:00 [▶] @west_store_jeju

⑪ 못생김

못생김은 밥깡패와 한 마당 안에 있는 소품 숍. 예쁜 공간 안에 예쁜 제주도 기념품들만 모아놓았으니 '못생김'이라는 상호는 반어법이다. 가게 안에서 직접 소품을 만드는 모습도 구경할 수 있다.

✉ 제주시 한림읍 한림로4길 35 📞 064-799-8188 OPEN 11:00~19:00(일·월 휴무)
📷 @mot.saeng.gim

Entertainment

⑫ 한림 공원

다양한 열대 식물과 야생화, 용암 동굴, 제주 전통 초가까지 한 곳에서 즐길 수 있는 곳. 둘러보는 데 최소 2시간이 소요된다.

✉ 제주시 한림읍 한림로 300 📞 064-796-0001 OPEN 3~9월 08:30~19:00, 10~2월 08:30~18:00 ₩ 입장료 1,1000원

⑬ 월령 선인장 군락지

멕시코가 원산지인 선인장이 제주에 정착한 후 번성하여 만들어진 선인장 군락지이다. 노란 꽃이 피는 6~7월, 보라색 열매가 익어가는 11월에 특히 예쁘다. 기념품으로 많이 사는 백년초 초콜릿의 원료가 바로 이 보라색 열매이다.

✉ 제주시 한림읍 월령1길 32 ₩ 무료

Guest House

⑭ 객의 하우스

통창으로 비양도와 협재 바다가 가득 들어오는 한 장의 사진에 홀린 듯 예약하게 되는 곳. 거실 바닥에서 뒹굴뒹굴하며 일출부터 일몰까지 시시각각 변하는 자연의 신비를 바라보고 있으면 하루가 금방 간다. 조식 포함.

✉ 제주시 한림읍 한림로 381-3 📞 010-5028-3414 ₩ 도미토리 25,000원, 2인실 70,000원 🌐 cafe.naver.com/gaghouseinjeju

⑮ 단추 스테이

아늑하고 포근한 내 집 같은 공간. 2인용 침실 2개를 운영 중이다. 유료 조식 3,000원. 주인장이 직접 빵을 구워주신다. 여자끼리도 안심하고 갈 수 있는 편한 곳이다.

✉ 제주시 한림읍 금능1길 15-8 📞 010-2759-1320 ₩ 2인실 60,000원~ 🌐 cafe.naver.com/buttonvillage

⑯ 금능마린 게스트하우스

금능 해수욕장 바로 앞에 위치한 커다란 수영장을 갖춘 게스트하우스. 체험 스킨스쿠버 운영. 조식 포함.

✉ 제주시 한림읍 한림로 247 📞 070-8864-9196 ₩ 도미토리 20,000원 🌐 cafe.naver.com/jejuilmare

⑰ 유지공간 게스트하우스

금능의 조용한 주택가에 위치한 깔끔하고 편안한 숙소. 조식 포함. 4인 도미토리에도 각 베드마다 커튼이 쳐져 있고, 2층 베드도 사다리가 아닌 계단을 사용하므로 편리하다.

✉ 제주시 한림읍 금능남1길 22 📞 010-4486-2088 ₩ 도미토리 30,000원, 1~2인실 40,000원 🌐 uzspace.blog.me

항파두리
항몽 유적지

✉ 제주시 애월읍 항파두리로 50
📞 064-713-1968
OPEN 동절기 09:00~17:00, 하절기 08:30~18:00
₩ 무료

1273년 여몽 연합군에 대항한 삼별초군이 최후의 항전을 했던 성터다. 희미하게 남아 있는 토성 흔적과 삼별초군의 넋을 기리기 위한 순의비, 유물과 기록화가 보관된 전시관까지 넓은 성터에 자리 잡은 유적은 꽤 충실하며 잘 관리되고 있다.

유라시아 대륙을 휩쓴 몽골에 대항해 30년이 넘도록 항전을 거듭한 선조들의 기개와 정신을 기리기 위한 유적지이다. 하지만 이곳을 찾는 여행객에게는 철마다 피고 지는 갖가지 꽃과 나무들을 찾는 재미가 더 크다. 4월 초 항파두리 가는 길목의 광령리와 장전리 벚꽃길을 시작으로 4월 유채꽃, 6월 수국, 7월 해바라기, 8~9월 배롱나무와 코스모스, 10~11월 화살나무와 참빗살나무 단풍에 감귤 체험까지 사계절 어느 때나 색색 꽃과 나무가 끊이질 않는다.

해안에서 벗어난 탓에 관광객들이 몰려들지 않는 한적함까지 제주 중산간의 매력을 제대로 느낄 수 있는 드라이브 코스다. 관광지의 소란스러움을 벗어나 잠시 중산간의 매력에 빠져보는 것은 어떨까?

Cafe

① 윈드스톤

돌집을 현대적인 감각으로 리모델링한 카페. 아몬드라테가 특히 유명하다. 한쪽은 작은 서점이다.

✉ 제주시 애월읍 광성로 272 ☎ 070-8832-2727 OPEN 10:00~19:00(일 휴무) ₩ 아메리카노 3,500원, 아몬드라테 5,000원, 오미자블라썸 5,000원

② 버터모닝

막 구워낸 달달한 버터빵을 생크림에 찍어 먹어보자. 속이 가득 찬 치즈타르트도 매력적이다. 아침에 예약하러 한번, 빵 나오는 시간에 맞춰 또 한번 매장을 방문해야 하지만 손님의 발길이 끊이지 않는다.

✉ 제주시 애월읍 하광로 279 ☎ 064-712-0461 OPEN 10:30~13:30(08:30부터 방문 예약만 가능. 일·월·둘째 주 토 휴무) ₩ 버터모닝(버터우유식빵) 4,000원, 치즈타르트 2,500원

Restaurant

③ 돈카츠 서황

그날그날 다른 종류의 생선으로 만드는 생선카츠가 정말 맛있는 일본식 돈가스집.

✉ 제주시 애월읍 장소로 205-2 ☎ 064-799-5458 OPEN 11:30~15:00, 17:30~20:30(월 휴무) ₩ 서황카츠 10,000원, 생선카츠 14,000원, 샐러드우동 10,000원

Entertainment

④ 아날로그 감귤밭

감귤 따는 시간보다 포토존에서 인증샷 찍는 시간이 더 긴 감귤 체험농장. 감귤 체험은 겨울만 가능. 카페는 사계절 언제 방문해도 좋다. 사장님이 손수 만든 잼도 구입할 수 있다.

✉ 제주시 해안마을8길 46 ☎ 010-4953-0846 OPEN 10:00~18:00 ₩ 감귤체험비(1kg) 7,000원, 감귤키위잼 8,000원, 풋귤티 6,000원

⑤ 장전리 벚꽃길

장전 마을회관에서 서쪽 방향으로 장전로를 뒤덮은 벚꽃터널을 스쿠터 타고 달려보자.

✉ 제주시 애월읍 장전로 63 ☎ 제주시청 관광진흥과 064-728-2752 OPEN 제주 왕벚꽃축제 매년 3월 말~4월 초 🌐 www.visitjeju.net

더럭 초등학교
(구 더럭분교)

제주시 애월읍 하가로 1951

Tip 작은 마을이지만 주변이 넓은 도로로 둘러싸여 있고 차량 통행도 빈번한 곳이다. 여름에는 렌터카들이 몰려 길이 복잡하다. 학교 근처인 만큼 아이들이 불쑥 튀어나올 수도 있으니 늘 안전 운행에 유의하자. 주차는 학교 건너편 혹은 연화못 갓길에 요령껏 하자.

더럭 초등학교는 학생 수가 점점 줄어 폐교 위기에 놓였던 곳이다. 2012년 삼성 휴대폰 CF 촬영지가 되면서 운명이 달라졌다. 촬영 당시 세계적인 컬러리스트 장 필립 랑클로가 참여해 학교를 알록달록 무지개색으로 바꾸는 프로젝트가 진행되었다. 현재까지 작고 예쁜 학교 건물을 보기 위해 여행객들의 발길이 끊임없이 이어지며 학교는 활기를 되찾았다.

아담한 단층 건물로 이루어진 학교 본관 건물은 물론 수돗가, 놀이터, 쓰레기 수거장까지 구석구석 세심하게 비비드한 색으로 갈아 입었다. 거기에 천연 잔디가 깔린 운동장과 학교 종이 매달린 커다란 벚나무까지 어우러져 학교는 완벽하게 사랑스러운 모습을 연출한다. 별 기대 없이 왔다가도 구석구석에서 어릴 적 추억이 떠오르고, 끊임없이 카메라 셔터를 누르는 자신을 발견할 것이다. 하지만 이곳은 관광지이기 이전에 아이들이 공부하는 학교라는 점을 잊지 말자. 수업이 진행되는 시간을 피해 여행객 출입이 가능한 시간에만 방문해야 한다.

학교 방문 가능 시간은 평일 오후 5시 이후, 토요일 오후 1시 이후, 공휴일과 방학은 오전 9시 이후다. 스쿠터를 운동장 안으로 끌고 들어가는 것은 절대 삼가도록 하자. 최근 학생 수가 꾸준히 늘면서 2018년 부로 본교로 승격되어 20년 만에 초등학교 명칭을 되찾았다.

핫플레이스

Cafe

❶ 살롱 드 라방

디자이너 출신 사장님이 오랜 시간에 걸쳐 직접 만든 빈티지 감성의 카페. 커피 한 잔을 시켜도 정성껏 테이블 세팅을 해주는 것으로 유명하다. 폭신하고 달달한 팬케이크가 시그니처 메뉴.

✉ 제주시 애월읍 하가로 146-9 ☎ 070-7797-3708 OPEN 11:00~20:00(토·일 휴무) ₩ 커피류 4,500~6,500원, 자몽에이드 6,500원, 크림치즈 애플 토핑 팬케이크 12,000원

❷ 프롬 더럭

통창 가득 들어오는 연화못 풍경과 더럭 초등학교만큼이나 알록달록한 외관이 시선을 사로잡는 카페.

✉ 제주시 애월읍 하가로 182 ☎ 064-799-0199 OPEN 10:00~19:00 ₩ 감귤주스 7,000원, 딸기스무디 6,500원

Restaurant

❸ 오데뜨

소녀 감성과 빈티지함이 인테리어부터 메뉴판까지 곳곳에 묻어난다. 크림우동 전문점이다.

✉ 제주시 애월읍 애원로 289 ☎ 064-799-2748 OPEN 11:00~19:00 ₩ 전복크림우동 15,000원, 핑크크림우동 14,000원

Entertainment

❹ 연화못

여름 꽃 특유의 시원시원하면서도 청초한 모습을 보여주는 연꽃. 7월 말에서 8월 말까지 3,500평의 연화못이 연꽃으로 채워져 장관을 이룬다. 햇볕 쨍쨍한 여름 낮뿐만 아니라 흐린 날에도 사진 찍기 좋은 곳이다. 나무 데크로 된 산책로를 잠시 걸으며 감상하기에도 좋다. 연화못 가운데 자리한 육각정에 앉아 있으면 마치 연꽃 안에 들어앉아 있는 듯 평화롭다.

✉ 제주시 애월읍 하가리 1569-2

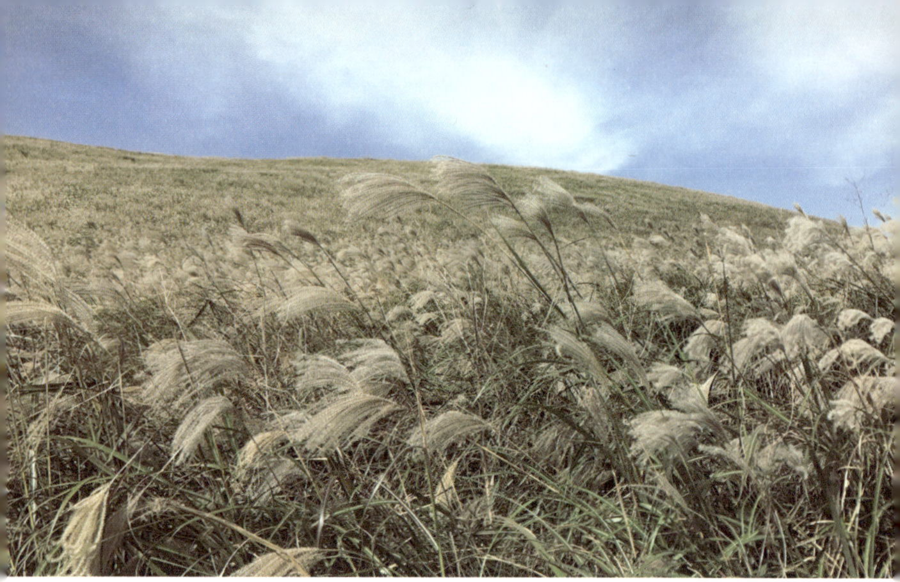

가을 억새의 은빛 물결이 아름다운

새별 오름

제주시 애월읍 봉성리 산59-8

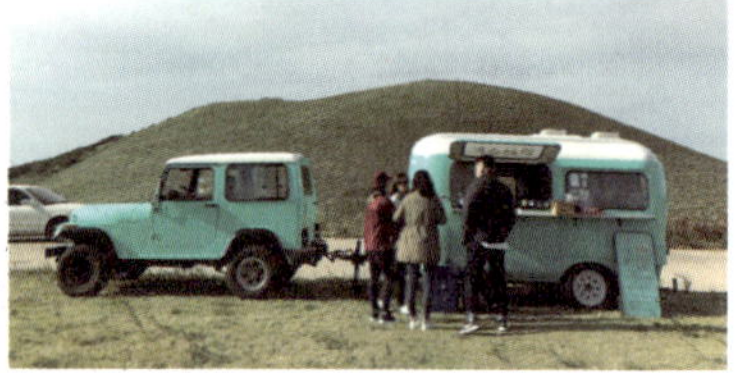

제주 서쪽에서 오름 하나쯤 올라보고 싶다면 단연 새별 오름을 추천한다. 새별 오름은 저녁 하늘에 샛별과 같이 외롭게 서 있다 하여 붙여진 이름이다. 매해 정월 대보름에는 오름 전체에 불을 놓는 들불 축제가 있어 엄청난 관광객이 몰린다.

봄에는 파릇파릇 올라오는 풀들이 오름을 뒤덮어 매끈하고 봉긋한 푸른 언덕이 된다. 가을이 되면 거대한 양 한마리가 누워 있는 듯 은빛 억새가 일렁인다.

특히 가을의 새별 오름은 제주 여행에서 빼놓지 말고 꼭 가야 할 곳 중의 하나다. 20~30분 정도 능선을 따라 오르면 탁 트인 전경이 가슴을 뻥 뚫리게 해준다. 한라산 정상이 눈앞에 보이고, 맑은 날에는 푸른 바다 위에 비양도까지 보인다.

주차장에서 오름을 바라봤을 때 오른쪽 길로 오르내리는 것이 좋다. 왼쪽 길은 상당히 가파르고, 사람들의 통행이 많아 코코넛 매트가 닳아서 미끄럽다.

Tip 차량 속도가 빠른 평화로는 위험하므로 가메 오름을 중간 경유지로 설정하여 한적한 도로를 통해 달려가자.

성이시돌 목장

새별 오름에서 나와 평화로와 나란히 난 샛길을 따라 성이시돌 목장으로 향하는 길은 평화롭기 그지없다. 구불구불 이어지는 길을 따라 키가 큰 삼나무가 심어져 있고, 그 사이로 보이는 푸르른 목초지에는 말들이 한가로이 풀을 뜯는 모습이 펼쳐진다.

목장 끄트머리 즈음 특이한 곡선의 건축물인 테쉬폰이 나타난다.

테쉬폰은 이라크 바그다드 부근에 약 2천 년 전부터 내려온 건축 양식이다. 1960년대 가난했던 제주 도민을 위해 20대의 아일랜드 신부님이 성이시돌 목장을 개척하였고, 일꾼들의 숙소로 썼던 건물이 남아 있는 것이다. 현재는 사진 촬영 명소가 되어 사람들이 끊임없이 찾아온다. 맑은 날은 파란 하늘과 낡은 건물의 대비가 그림 같다. 흐린 날, 안개 낀 날, 눈이 쌓인 날 등 어느 때 찾아도 인생 사진을 남길 수 있는 곳이다.

Cafe

1 우유부단

성이시돌 목장에서 생산된 유기농 우유로 만든 수제 아이스크림과 밀크티를 판매한다.

✉ 제주시 한림읍 금악동길 38 📞 064-796-2033 OPEN 10:00~17:00(수 휴무) ₩ 수제아이스크림 4,500원, 시그니처 밀크티 4,500원, 얼그레이 밀크티 5,000원 📷 @uyubudan

Entertainment

2 금 오름

이효리가 뮤직비디오를 찍어 유명세를 얻었다. 예전엔 차를 타고 정상까지 올라갈 수 있었지만 길이 가파르고 좁은 데다 여행객이 많아져서 현재는 주차장에 자동차와 스쿠터를 세우고 걸어가도록 바뀌었다. 비가 많이 내리면 금오름 분화구에 물이 차는데 그 모습이 무척 아름답다.

✉ 제주시 한림읍 금악리 산1-1

팽나무 아래 한없이 쉬어가고 싶은
명월리

고즈넉한 중산간 마을 명월리에 들어서면 자신도 모르게 '우와~' 소리가 절로 난다. 마을 이름을 따왔다는 청풍명월(淸風明月)의 뜻을 새기지 않아도 반듯한 반촌의 기운과 마을을 온통 휘감고 있는 팽나무의 풍경은 예사 마을이 아님을 절로 느끼게 한다.

마을을 가로질러 흐르는 옹포천 양쪽으로 줄지어 선 아름드리 팽나무들은 제주도 기념물 제19호로 지정되어 보호될 만큼 그 가치를 인정받고 있다. 예부터 제주의 팽나무는 육지의 느티나무와 같이 마을을 지켜주는 신성한 나무로 숭배되었다. 팽나무의 옹이지고 뒤틀린 형태, 강인하고 억센 줄기가 하늘을 떠받치며 뻗은 형상은 그로테스크하면서도 강한 생명력을 보여준다. 여느 마을이라면 한 그루만 있어도 마을의 보호수로서 신성시될 만한 팽나무가 명월리엔 100여 그루 넘게 있으니 그 기상이 남다르지 않다면 이상할 일이다.

명월리에선 '길을 따라 달린다.'라는 말보다 '팽나무를 따라 달린다.'라는 말이 더 적당하다. 아무리 바쁘더라도 명월리 사무소 앞에 스쿠터를 멈추고 지금은 열지 않는 작은 슈퍼 앞 팽나무 아래 잠시 머물러보자. 눈을 감고 늙은 팽나무 그늘에서 쉬다 보면 어느새 맑은 바람이 귓가를 스치고 밝은 달빛이 눈을 밝혀 줄지도 모른다. 그러고도 시간이 남는다면 제주도 기념물 제7호로 지정된 명월대와 제29호 명월 성지를 찾아보는 것도 좋겠다.

❸ 제주맥주양조장

뉴욕 브루클린 브루어리와 15년 이
상 경력의 브루어가 참여하여 탄생
한 제주 맥주 양조장. 펍 이용은 예약
없이 가능하며, 양조장 투어는 홈페
이지에서 사전 예약해야 한다.

✉ 제주시 한림읍 금능농공길 62-11 OPEN
금~일 13:00~20:00 ₩ 제주 맥주 양조장
투어 12,000원, 제주위트에일 5,000원
🌐 www.jejubeer.co.kr

Restaurant

❶ 키친 오즈

핑크뮬리 촬영 명소로 유명한 곳. 10
월 핑크뮬리 철이면 뒤뜰이 온통 몽
환적인 핑크 물결로 뒤덮인다. 핑크
뮬리 철에는 몰려드는 인파로 인해
음료만 판매하지만 나머지 계절에는
여유롭게 식사도 즐길 수 있다.

✉ 제주시 한림읍 협재로 208 ☎ 064-
796-7165 OPEN 11:00~18:00(월 휴무) ₩
아메리카노 5,500원, 얼그레이 6,000원,
알리오올리오 14,000원, 마르게리타피자
20,000원 📷 @jejuoz

Entertainment

❷ 명월 성지

조선 시대 당시 왜구의 침입을 막
기 위해 축조한 성터. 원래는 높이
4.2m, 길이 1,360m에 이르는 성이
었지만 복원된 길이는 250m에 불과
하다. 현무암을 일정한 크기로 만들
어 쌓아올린 것이라 더욱 단단해 보
인다. 초루에 잠시 앉아 사방을 둘러
보면 비양도와 애월 바다, 한림 읍내
와 고즈넉한 마을까지 액자 속 풍경
처럼 다가온다.

✉ 제주시 한림읍 명월리 2236 ₩ 무료

Guest House

❹ 담 게스트하우스

팽나무 아래 제주 돌집의 멋스러움
을 담담하게 담아낸 곳. 돌집을 2층
으로 모던하게 증축한 곳이라 내부
는 넓고 쾌적하며, 침대 또한 편안하
다. 곰탕, 보말죽 등 맛집 수준의 조
식 포함.

✉ 제주시 한림읍 명월로 83-1 ☎ 064-
796-0890 ₩ 2, 4, 10인실 성수기 30,000
원, 극성수기 35,000원 🌐 www.dam
house.kr

02

제주
서남부

서남부는 해안 도로를 따라가는 기본 코스 주행 거리가 길고, 중산간 지역의 볼거리까지 분산되어 있다. 미리 가야 할 곳을 취사선택 후 시간 안배를 잘 하자. 달리는 내내 절경이 이어지는 신창 풍차 해안 도로를 지나 송악산과 용머리해안까지 제주도 지질 여행을 위한 최고의 스폿이 줄지어 나타난다. 수국의 계절 6월이라면 카멜리아 힐을, 건축에 관심이 있다면 방주 교회 등 스타 건축가들의 작품을 연이어 만날 수 있는 안덕면 상천리를 방문하자. 초록이 끝없이 펼쳐진 녹차밭 오설록도 빼놓을 수 없다. 그리고 이 모든 코스의 끝엔 제주도 제1의 관광지 중문관광단지와 서귀포가 기다리고 있다.

서남부, 이곳만은 꼭 놓치지 말자!

신창 풍차 해안 도로 풍차와 차귀도를 바라보며 달리는 해안 도로 라이딩

송악산 둘레길&용머리해안 산책로 화산섬 제주에서만 만날 수 있는 지질 탐험

판포리, 조수리, 저지리 조용한 중산간 마을 탐방

황우지 해안 선녀탕 천연 풀장에서 즐기는 스노클링

수월봉을 지나 모슬포, 송악산으로 이어지는 길은 어딘지 황량한 느낌이 드는 해안
도로다. 송악산을 지나 우뚝 솟은 산방산을 지나면 숨어 있는 보헤미안의 마을 대평리.
길은 분위기를 바꿔 번화한 중문관광단지로 이어지고 제주 올레 7코스로 유명한
외돌개를 지나 서귀포 시내에 도착한다. 작은 섬들이 어우러져 더욱
아름다운 서남부 서귀포의 바다 풍경을 만끽하며 달려보자.

1 금능 해수욕장 → **2** 신창 풍차 해안 도로 → **3** 모슬포 →

4 송악산 → **5** 용머리해안 → **6** 대평리 → **7** 중문관광단지 →

8 외돌개&황우지해안 → **9** 서귀포 이중섭거리

총 길이	83km
예상시간	주행 시간 약 3시간 35분+관광 약 5시간
난이도	중하
주의사항	주행 거리가 길고 볼거리도 넘치는 코스다. 아침에 부지런히 여행을 시작하고, 방문할 곳과 포기해야 할 곳을 미리 계획하자.

1-2 금능 해수욕장 — 12km 약25분 → 신창 풍차 해안 도로

금능 해수욕장에서 출발하여 신창풍차 해안 도로까지 내비의 안내를 따라간다. 월령 선인장 군락지를 잠시 들러 산책을 하거나 판포 포구에서 스노클링을 즐겨도 좋다. 월령리 마을을 벗어나 신창리까지 4.5km 구간 동안 일주서로를 달린다. 교통량은 많지 않으나 주행 속도가 빠르므로 운전에 주의하자. 신창리에서 일주 도로를 벗어나 신창 풍차 해안 도로로 들어서면 용수 포구까지 약 5km의 외길이다.

내비 목적지 신창풍차 해안 도로 **경유지** 월령 선인장 군락지 **난이도** 하

2-3 신창 풍차 해안 도로 — 25km 약50분 → 모슬포

용수 포구에서 차귀 포구까지 4km 거리를 달려 해안 가까이 솟아 있는 당산봉을 한 바퀴 돌아 다시 바다를 만나면 차귀 포구다. 노을 해안 도로를 달려도 좋지만 포구 아래 해안 가까이 엉알해안 산책로를 선택해도 좋다. 길이 잘 포장되어 있으며, 그 끝에 다시 노을 해안로와 만나게 된다. 곧이어 수월봉 정상으로 향하는 오르막길을 700m 정도 오르면 수월봉 전망대. 전망대에 올라 차귀도를 조망한 후 입구로 되돌아 나와 다시 노을 해안 도로를 달린다. 일과 사거리에서 다시 일주 도로를 만나기까지 11km. 시간이 부족하다면 양식장이 줄지어 있는 노을 해안 도로보다 빠르게 이동하기 좋은 일주 도로를 타고 모슬포로 이동하는 것이 좋다.

내비 목적지 모슬포항 **경유지** 차귀포구 또는 수월봉 전망대 **난이도** 하

3-4 모슬포　5km 약10분 →　송악산

모슬포항에서 송악산까지는 최남단 해안 도로를 달린다. 상모리 평야를 둘러 가는 외길로 한적하고 교통량도 많지 않다. 알뜨르 비행장을 잠시 들러 곳곳에 숨어 있는 콘크리트 격납고를 찾아보는 것도 좋겠다.

내비 목적지 송악산 주차장 **난이도** 하

4-5 송악산　4.5km 약10분 →　용머리해안

송악산 주차장에서 형제 해안 도로를 따라 달린다. 내륙으로 산방산이 내려다보이고, 바다 건너 형제섬이 우뚝 서 있는 제주 최고의 드라이브 코스 중 하나다. 해안 도로를 따라 사계항까지 달리면 마을 안길로 들어선다. 약간 경사가 있고, 길이 좁은 편이니 초보자는 운전에 조심하자. 마을 안길을 500m 정도 이동 후 우회전하면 보이는 산방산랜드 주차장에 주차 후 용머리해안 매표소로 도보 이동한다.

내비 목적지 용머리해안 **난이도** 하

5-6 용머리해안 ──10㎞ 약30분──▶ 대평리

용머리해안에서 산방산 방향으로 경사가 심한 오르막길이다. 산방산 주차장에 스쿠터를 세우고 잠시 산방굴사까지 올라보자. 형제섬과 남쪽 바다의 전경이 시원하게 펼쳐진다. 다시 산방산을 출발해 5㎞ 더 달리면 안덕 계곡 삼거리가 나타난다. 여기서 대평리 방향으로 우회전해 3.3㎞를 더 달리면 대평리 마을이다. 일주 도로에서 1㎞ 정도 달리면 오른쪽으로 갈라지는 샛길로 안내하는 경우도 있다. 샛길로 벗어나 달려도 대평리 마을로 향하는 것은 같지만 샛길은 길이 좁고 외지며, 마을로 향하는 내리막길의 경사가 심하다. 스쿠터 초보자라면 위험할 수 있으므로 가능하면 이차선 도로를 따라 진행하도록 하자.

내비 목적지 대평 포구 **경유지** 산방산, 안덕 계곡
난이도 중

6-7 대평리 ──8㎞ 약30분──▶ 중문관광단지

대평리 마을을 가로질러 예래 포구로 가는 길은 한적하고, 아기자기한 대평리 마을의 매력을 한껏 드러낸다. 좁은 골목길에 주차된 차량이 많은 편이니 천천히 조심스레 운행하자. 예래동을 지나는 3.5㎞의 완만한 오르막길을 오르면 다시 일주 도로와 만난다. 일주 도로와 만나는 예래 입구 교차로에서 우측 도로로 접어들면 중문관광단지, 1.5㎞를 더 달리면 여미지 식물원이다.

내비 목적지 여미지 식물원 **경유지** 예래 포구(하예 포구) **난이도** 중하

7-8 중문관광단지 16㎞ 약50분 → 외돌개&황우지 해안

여미지 식물원을 나와 대포 포구를 지나 바다를 마주하는 아뜰리에 안까지 내비의 안내를 따라간다. 아뜰리에 안 카페에 도착한 후 바다 건너 범섬을 바라보며 잠시 숨을 돌린 다음 해안을 따라 이어지는 최영로를 따라 운행한다. 해안을 따라 1.5㎞를 달려 중동 선착장을 지나 법환동 마을 안으로 올라간다. 마을을 벗어나 다시 내비의 안내를 따라 달리면 외돌개 휴게소 주차장. 스쿠터를 주차하고 외돌개, 황우지 해안, 선녀탕을 둘러보자.

내비 목적지 외돌개 휴게소 **경유지** 대포 포구, 아뜰리에 안 **난이도** 중하

8-9 외돌개&황우지해안 2.5㎞ 약10분 → 서귀포 이중섭거리

외돌개 휴게소 주차장에서 내비의 안내를 서귀포 시내로 진입 후 조금 더 달리면 이중섭거리다. 남성중로와 만나는 삼거리에서 우회전하면 새섬과 새연교를 거쳐 서귀포 시내로 들어갈 수도 있다.

내비 목적지 이중섭거리 **난이도** 중하

추가 코스 1

금능, 협재에 집중되어 있던 서부권 여행 스폿이 중산간 마을로 분산되고 있다.
평소 한적한 판포 포구는 한여름이 되면 물놀이를 즐기는 이들이 찾는 스노클링 명소가
된다. 판포 포구에서 내륙 쪽으로 방향을 틀면 판포리, 조수리, 청수리 등 고요하고
정겨운 마을이 이어진다. 구석구석 자리 잡은 핫 플레이스를 둘러보는 재미가 쏠쏠하다.
추사관에 들러 먼 옛날 유배지 제주를 상상하고, 용머리해안부터 다시 파노라마처럼
이어지는 해안가 절경은 무엇 하나 놓치고 싶지 않은 알찬 코스이다.

1 금능 해수욕장 → **2** 판포리 → **3** 조수리 → **4** 추사관 → **5** 용머리해안 →
6 대평리 → **7** 중문관광단지 → **8** 외돌개&황우지해안 → **9** 서귀포 이중섭거리

총 길이	65km
예상시간	주행 시간 약 3시간 35분+관광 약 5시간
난이도	중하
주의사항	판포 포구를 지나 내륙으로 들어가면 추사관까지 한적한 시골길이 이어진다. 불쑥불쑥 튀어나오는 동네 주민들의 스쿠터를 주의하자.

1-2 금능 해수욕장 —— 6㎞ 약 20분 —→ 판포리

금능 해수욕장에서 마을 길을 따라 1.2㎞를 달려 한림로로 진입 후 잠시 달리면 월령리 마을. 마을 안길로 접어들면 해안가에 위치한 월령 선인장 군락지 산책로다. 푸른 바다에 자생하는 이국적인 선인장 풍경과 멀리 풍력 발전기를 감상하자. 월령리를 벗어나 일주 도로를 타고 1.7㎞ 더 달리면 판포 포구. 판포 포구 앞 판포 삼거리에서 좌회전해 내륙 쪽으로 방향을 틀면 판포리 마을로 접어든다.

내비 목적지 저녁 정원 **경유지** 월령 선인장 군락지 **난이도** 중

2-3 판포리 —— 4·3㎞ 약 20분 —→ 조수리

차량 통행이 적은 한적한 중산간 도로다. 검은 밭담과 양배추밭이 어우러진 시골길을 음미하며 달려보자.

내비 목적지 유람위드북스 **난이도** 하

3-4 조수리 —— 13㎞ 약 40분 —→ 추사관

조수리를 벗어나 청수리, 산양리까지 조용한 중산간 마을을 7.5㎞ 달린다. 한적한 시골길이라 어려움 없이 여유롭다. 무릉2리 사거리에서 좌회전 후 중산간서로를 4.2㎞ 달리면 추사관이다.

내비 목적지 추사관 **난이도** 하

4-5 추사관 —— 5㎞ 약 15분 —→ 용머리해안

추사관을 벗어나 일주 도로로 접어들어 2㎞를 달린 후 내비의 안내를 따라가자. 덕수3 교차로에서 우회전, 산방산을 좌측에 두고 내리막길을 따라 2㎞ 직진, 사계리 삼거리에서 좌회전 후 50m 앞에서 용머리해안을 향해 우회전하면 500m 앞에 용머리해안 주차장과 산방산랜드의 놀이기구가 보인다. 잠시 일주 도로를 달릴 때 교통량이 많은 것만 주의하면 주행에 어려움은 없다.

내비 목적지 용머리해안 **난이도** 하

추가 코스 2 저지리 - 오설록 - 카멜리아 힐 루트

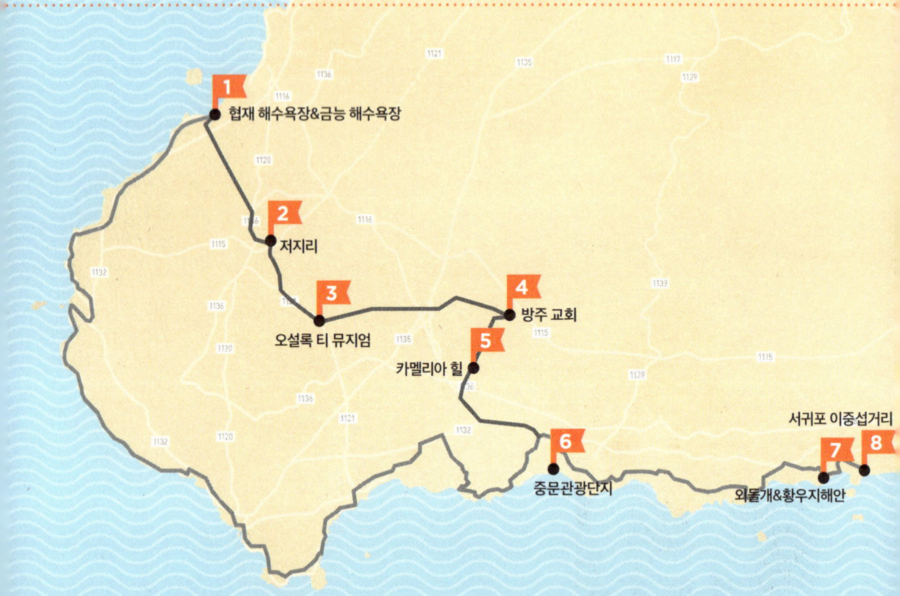

제주 서부 중산간의 매력 느낄 수 있는 코스. 예술과 문화, 꽃과 나무가 어우러진 길을 달리며 바다를 벗어난 제주의 또 다른 매력을 만끽해보자.

1 금능 해수욕장 → 2 **저지리** → 3 **오설록 티 뮤지엄** → 4 **방주 교회** → 5 **카멜리아 힐** → 6 중문관광단지 → 7 외돌개&황우지해안 → 8 서귀포 이중섭거리

총 길이 54㎞ **예상시간** 주행 시간 약 2시간 30분+관광 약 5시간 **난이도** 중

1-2 금능 해수욕장 —7㎞ 약 20분→ 저지리

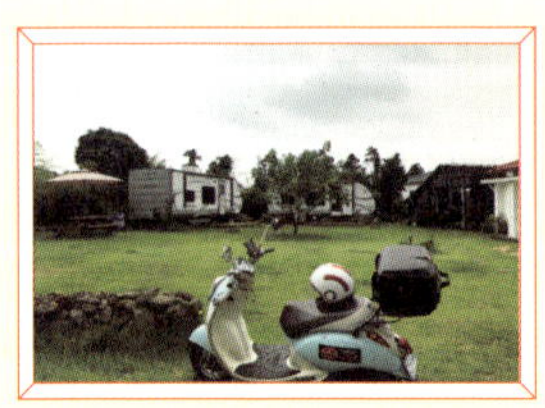

금능리 마을을 벗어나 금능남로를 6㎞ 달린다. 월림 삼거리를 지나 중산간서로를 잠시 달리다 저지문화예술인 마을을 향해 좌회전해 1㎞를 더 가면 제주 현대 미술관 주차장이다. 교통량 많지 않은 중산간 도로라 스쿠터 라이딩에 어려움이 없다.

내비 목적지 제주 현대 미술관 난이도 하

2-3 저지리 —— 6.5㎞ 약 20분 —→ 오설록 티 뮤지엄

제주 현대 미술관에서 저지리 마을회관까지 약 1.5㎞를 달린다. 마을회관에서 800m 더 직진한 후 분재로 입구 사거리에서 좌회전 녹차분재로로 진입한다. 곶자왈 숲속을 가로지르는 녹차분재로를 따라 4.2㎞를 달리면 오설록 티 뮤지엄에 도착한다.

내비 목적지 오설록 티 뮤지엄 **경유지** 저지리 마을회관 **난이도** 하

3-4 오설록 티 뮤지엄 —— 10㎞ 약 20분 —→ 방주 교회

한라산 방향으로 내비의 안내를 따라 신화역사로를 직진한다. 한라산을 향한 오르막길이지만 길이 한적하고 잘 닦여 있어 운행에 어려움은 없다. 내비가 진입 금지 도로인 산록도로를 통하는 길로 안내하기도 한다. 카페 '커피 맛이 멜로'를 경유지로 해서 가면 산록도로를 통하지 않고 갈 수 있다. 제주 시내에도 또 다른 '제주 방주 교회'가 있다. 제주 시내의 방주 교회를 내비 목적지로 설정하지 않도록 주의하자.

내비 목적지 방주 교회 **경유지** 커피 맛이 멜로 **난이도** 하

4-5 방주 교회 —— 3.2㎞ 약 10분 —→ 카멜리아 힐

바다를 향해 병악로를 내비의 안내를 따라 내려간다. 내리막길이지만 완만한 이차선 도로라 운행에 어려움은 없다.

내비 목적지 카멜리아 힐 **난이도** 하

5-6 카멜리아 힐 —— 8.5㎞ 약 20분 —→ 중문관광단지

중간 경유지를 설정하지 않으면 내비는 차량 속도가 빠르고 통행량이 많은 중산간서로를 안내한다. 중간 경유지를 설정하여 스쿠터로 달리기 좋은 작은 길로 달리도록 하자. 중문관광단지에 도착하면 차량 통행이 많아지므로 다른 차량에 주의하며 운전하자.

내비 목적지 여미지 식물원 **경유지** 안덕 농협 창천지점 **난이도** 중하

신창 풍차 해안 도로

제주시 한경면 신창리 1332-1

용수 포구에서 차귀 포구까지 이어지는 4.9㎞의 신창 풍차 해안 도로는 제주에서 가장 감동적인 노을을 볼 수 있는 장소다. 해 질 녘이면 붉게 물든 하늘을 담기 위해 많은 이들이 찾는 노을 명소다.

탁 트인 바다를 배경으로 위풍당당하게 서 있는 풍력 발전기가 이국적인 풍광을 자아낸다. 해안 도로 한쪽에 자리 잡은 바다 목장 산책로를 걷다 보면 풍차와 등대, 바다 위를 가로지르는 산책로, 바닷속에서 솟구쳐 오르는 거대한 다금바리 조형물까지 흔히 볼 수 없는 다양한 광경에 눈이 즐겁다. 도보로 30분 정도면 둘러볼 수 있으니 잠시 쉬었다 가자. 바다 목장 산책로 외에도 용천수에 발을 담글 수 있는 족욕탕, 돌담으로 만든 노천탕 '싱계물', 바다에 돌담을 쌓아 썰물 때 빠져나가지 못한 고기를 잡던 원담 등 다양한 볼거리가 구석구석 숨어 있다.

차귀도에 가까이 다가갈수록 바라보는 방향에 따라 달라지는 매력에 감동은 더 커신다. 봉수 포구를 시나년 앞을 가로막은 당산봉을 피해 내륙으로 방향을 튼다. 바다를 떠난다고 아쉬워하지 않아도 된다. 당산봉을 한 바퀴 휘돌아 다시 바다로 돌아오게 된다. 곧게 뻗은 약간의 내리막길을 달리면 빨래 널 듯 널어놓은 준치가 정겨운 자구내 포구에 도착한다.

즙이 입안에 팡! 로제 소스와 데미글라스 소스 중에서 고를 수 있다.

✉ 제주시 한경면 두신로 85 ☎ 010-9310-2878 **OPEN** 11:30~19:30(화 휴무) ₩ 햄버그스테이크 13,000원, 떠먹는 피자 12,000원 ◎ @abang_run

④ 문어빵빵

큼직한 문어가 들어 있는 타코야키와 시원한 생맥주가 잘 어울리는 곳.

✉ 제주시 한경면 두신로 85 ☎ 010-8633-3512 **OPEN** 11:30~20:00 (일 휴무) ₩ 타코야키 4,000원, 딱새우야키소바 9,000원, 생맥주 3,000원

⑤ 한경가든

고등어구이, 제육볶음, 된장찌개, 부침개로 배부른 한 끼를 해결할 수 있는 가정식 백반이 대표 메뉴.

✉ 제주시 한경면 용고로 154 ☎ 064-773-2178 **OPEN** 10:00~22:00(브레이크 타임 16:00~17:00, 둘째·넷째 주 수 휴무) ₩ 가정식 백반(2인) 16,000원, 간장게장+새우장(1인) 15,000원

Cafe

① 다금바리스타

상호는 차귀도 특산품 다금바리와 바리스타의 합성어다. 다금바리 모양으로 상호를 쓴 로고가 눈에 띈다. 가정집에서 커피를 마시는 기분이 들 만큼 편안한 분위기 속에서 차귀도 포구를 마주할 수 있다.

✉ 제주시 한경면 노을해안로 1166 ☎ 010-4768-1999 **OPEN** 10:00~21:00(화 휴무) ₩ 아메리카노 3,500원, 애플시나몬에이드 5,500원, 레몬진저티 5,000원 ◎ @dagumbaristar

② 리브라이프 두 사람의 여름

조용한 마을 한쪽에 자리 잡은 일본풍 디저트 카페와 소품 숍.

✉ 서귀포시 대정읍 서삼중로 217 ☎ 010-4361-2177 **OPEN** 12:00~18:00(월·화 휴무) ₩ 얼그레이푸딩 5,000원, 말차의 여름 6,000원 ◎ @livelife.summer

Restaurant

③ 아방도르다

두툼한 패티의 햄버그스테이크 육

Shopping

❻ 무명서점

유명 제과 2층에 자리한 서점. 시, 사랑, 정치, 자연을 주제로 한 책이 주로 입고된다. 한쪽에는 헌책 코너도 있다. 세월의 때가 묻은 소파에 앉아 느긋하게 책을 읽어보자.

✉ 제주시 한경면 고산로 26 ☎ 010-6390-3136 OPEN 13:00~20:00(월 휴무)
○ @untitledbookshop

Entertainment

❼ 성 김대건 신부 제주표착 기념관

26세의 젊은 나이로 순교한 조선 최초의 신부 김대건 안드레아 신부의 순교 정신을 길이길이 새겨두기 위해 세운 기념관이다.

✉ 제주시 한경면 용수리 4266 ☎ 064-772-1252 OPEN 09:00~17:00(월 휴무) 🌐 www.kimdaegun.net

❽ 당산봉

높이 148m의 오름으로 정상까지 20분 정도면 오를 수 있다. 수월봉과 함께 차귀 포구와 차귀도를 내려다보는 전망이 훌륭하다.

✉ 제주시 한경면 용수리 산18

❾ 엉알 해안 산책로

차귀 포구에서 수월봉 입구 교차로까지 이어지는 1.2㎞ 길이의 해안 산책로. 파도의 침식 작용에 의해 드러난 화산재 지층과 화산탄 등 지질 구조를 관찰하기 좋다. 하지만 지질 구조 보다는 바다와 차귀도 풍경에 더 눈길이 갈 것이다. 도로 포장이 잘 되어 있어 스쿠터로 둘러보아도 무난하다. 단, 도보로 산책하는 사람들도 많으니 서행하자.

✉ 제주시 한경면 노을해안로 1143

❿ 수월봉 전망대

고산 기상대가 자리 잡은 수월봉 전망대는 차귀도 너머 노을을 관찰하기 가장 좋은 곳이다. 물론 낮에도 내륙 쪽 대정 평야와 차귀도를 바라보는 탁 트인 전망만으로도 올라볼 가치는 충분하다. 수월봉으로 올라가는 길은 외길이라 하산할 때도 올랐던 길을 되돌아 나와야 한다.

✉ 제주시 한경면 노을해안로 1013-70

Guest House

⓫ 뿌리 게스트하우스

입실과 퇴실 시간이 정해져 있지 않은 게스트하우스. 주변에는 버스정류장밖에 없을 정도로 편의 시설이 부족하지만 그 때문에 숙소에서 함께하는 시간이 길어지면서 게스트 간에 끈끈한 유대감이 조성되는 분위기. 커플 숙박 금지. 조식 포함.

✉ 제주시 한경면 용수1길 3 ☎ 070-4113-4333 ₩ 도미토리 20,000원, 1인실 30,000원, 2인실 40,000원 🌐 cafe.daum.net/puri.go

⓬ 제주에 내집

제주 전통 돌집을 리모델링한 시골 외갓집 같은 게스트하우스. 사장님이 차분하고 세심하게 게스트를 챙긴다. 부엌 이용 가능.

✉ 제주시 한경면 고산로 39-2 ☎ 010-8724-3791 ₩ 도미토리 25,000원, 2인실 55,000원 🌐 echo1226.blog.me

맛집 많고 사람 많은 항구 마을

모슬포

✉ 서귀포시 대정읍 하모리 77(모슬포항)

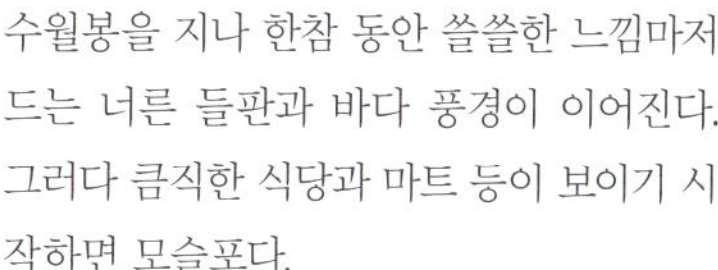

수월봉을 지나 한참 동안 쓸쓸한 느낌마저 드는 너른 들판과 바다 풍경이 이어진다. 그러다 큼직한 식당과 마트 등이 보이기 시작하면 모슬포다.

모슬포항 근처 대정 읍내를 흔히 '모슬포'라 일컫는다. 이곳은 유명 관광지는 아니지만 근처 관광지를 가는 길목으로 오래된 항구도시답게 맛집들이 가득하다. 제주 올레 11코스의 시작점으로 송악산과 산방산, 용머리해안이 지척이고, 오설록 티 뮤지엄 또한 가깝다. 방어 축제가 열리는 11월 말이면 제철 방어회를 맛보기 위해 몰려든 인파로 그 열기가 후끈하다.

한적한 시골도 아니고 번잡한 시내도 아닌 말 그대로 번성한 '시골 읍내'의 모습을 보여준다. 제주 서남부를 여행 중이라면 반드시 가보자. 이렇게 강조하지 않아도 끼니를 해결하기 위해 한 번쯤은 들르게 될 것이다. 특히 싱싱한 해산물이나 시원한 밀면을 좋아하고, 사람 사는 모습을 보고 싶다면 말이다. 바람이 세고 땅이 척박하여 '못살포'라고 불리던 것이 모슬포로 변했다는 설이 무색하게 맛집 많고, 사람 많은 곳이다.

13 ↑ 위쪽 방향에 있음

• 송악도서관

1132

1

14

SK주유소 •

• 대정초등학교

4

3

2

10 5

8

7

15

3

6

한빛아파트

모슬포

9

11 ↓ 가파도

아래쪽 방향에 있음

12 ↓ 마라도

운진항

Cafe

❶ 와토 커피

몽글몽글 쫀쫀한 크림이 올려진 와토알프스로 유명한 카페. 각종 대회 수상 경력이 화려한 바리스타 주인장이 맛있는 커피를 내린다.

✉ 서귀포시 대정읍 동일하모로 238 ☎ 010-9119-1452 OPEN 08:00~22:00(일 휴무) ₩ 아메리카노 3,000원, 와토알프스 5,000원, 융프라토 4,000원 ◎ @watocoffe

❷ 앙카페

감각적인 이발소의 변신. 해성 이용원 간판이 그대로 붙어 있다. 파리의 어느 골목에 있을 것만 같은 이국적 분위기가 물씬 풍기는 카페.

✉ 서귀포시 대정읍 하모항구로 75-1 ☎ 010-9984-5871 OPEN 11:00~20:00 ₩ 아메리카노 3,500원, 카페라테 4,000원, 천혜향빙수 9,000원 ◎ @jeju_encafe

❸ 나비정원

로스팅부터 핸드드립까지 제대로 선보이는 곳. 맛을 보면 반할 수밖에 없는 카페.

✉ 서귀포시 대정읍 신영로 60-7 ☎ 064-792-2688 OPEN 10:30~22:00 ₩ 핸드드립커피 5,000~6,000원, 더치커피 6,000~8,000원

Restaurant

④ 산방식당

깔끔하고 시원한 육수와 쫄깃한 면발, 잘 삶아진 돼지고기까지 완벽하게 어우러지는 밀면 맛집. 잡내 없이 부드러운 수육 한 접시는 빠지면 섭섭한 사이드메뉴.

✉ 서귀포시 대정읍 하모이삼로 62 ☎ 064-794-2165 **OPEN** 11:00~18:00(명절 연휴 휴무) ₩ 밀냉면 7,000원, 수육 13,000원

⑤ 옥돔식당

보말칼국수 하나로만 승부 보는 집. 다른 메뉴도 있었지만 보말칼국수로 유명해지면서 보말칼국수만 판매한다. 보말식당이 아닌 옥돔식당인 이유. 보말이 오독오독 씹히고, 진하고 시원한 국물이 일품이다.

✉ 서귀포시 대정읍 신영로36번길 62 ☎ 064-794-8833 **OPEN** 11:00~16:00(수 휴무) ₩ 보말칼국수 8,000원

⑥ 미영이네

신선한 고등어회를 김 위에 올리고, 매콤한 미나리무침과 양념밥, 쌈장까지 함께 먹으면 천상의 맛! 회를 다 먹으면 나오는 걸쭉하고 구수한 고등어탕 또한 별미다.

✉ 서귀포시 대정읍 하모항구로 42 ☎ 064-792-0077 **OPEN** 11:30~20:30(둘째·넷째 주 수요일 휴무) ₩ 고등어회(소)+탕 50,000원

⑦ 부두식당

30년 전통의 대물림 맛집. 사장님이 직접 잡아온 방어회를 맛볼 수 있다. 갈치조림, 물회, 각종 활어회도 골고루 맛있으며 이른 시간에 오픈하여 아침식사 하기도 좋다.

✉ 서귀포시 대정읍 하모항구로 62 ☎ 064-794-1223 **OPEN** 08:30~21:00 ₩ 갈치조림(중) 35,000원, 방어회(소) 40,000원

⑧ 물꾸럭식당

앙카페 사장님의 부모님이 운영하시는 맛집이다. 당일에 직접 잡은 고기만 쓰고, 생선이 떨어지면 장사도 끝! 지역 주민들만 아는 맛집.

✉ 서귀포시 대정읍 하모항구로 73-4 ☎ 064-794-5871 **OPEN** 11:00~19:00(비정기 휴무) ₩ 한치물회 10,000원, 활어매운탕 10,000원

Shopping

⑨ 이듬해봄

공간이 주는 힘과 책으로 공감할 수 있는 관계의 힘을 믿는다는 따스한 서점. 스쿠터만 들어갈 수 있는 좁은 골목 끝에 위치한다. 여사장님의 쾌활한 에너지가 전해지는 곳.

✉ 서귀포시 대정읍 하모백사로29번길 6-6 ☎ 010-6338-8037 **OPEN** 11:00~19:00(일·월 휴무) @bombom_books

Entertainment

⑩ 대정 오일장

매월 끝자리 1일과 6일에 개장하는 오일장. 6·25 전쟁 당시부터 시작된 장으로 규모가 꽤 크고, 시설도 잘 정비되어 있다. 모슬포항이 인접해 해산물의 신선도가 특히 좋다.

✉ 서귀포시 대정읍 하모리 1089-15

⑪ 가파도

청보리가 넘실대는 소박한 섬. 매년 4월 초부터 한 달간 펼쳐지는 가파도 청보리 축제 기간을 주목하자.

TIME 10분 소요 | **가파도행 선착장 운진항** (모슬포남항): 서귀포시 대정읍 최남단해안로 120 | **운진항→가파도** 09:00, 11:00, 14:00, 16:00 | **가파도→운진항** 11:20, 14:20, 16:20 ₩ 왕복 12,100원

⑫ 마라도

짜장면 한 그릇 먹고 해안을 따라 섬을 한 바퀴 돌아보자. 1시간 반이면 충분하다. 자연 그대로의 모습을 간직한 섬을 걷다 보면 동화 속을 걷는 기분.

TIME 25분 소요 | **마라도행 선착장 운진항** (모슬포남항): 서귀포시 대정읍 최남단해안로 120 | **운진항→마라도** 09:50, 11:10, 13:50, 15:20 | **마라도→운진항** 11:45, 13:05, 14:25, 15:55 ₩ 왕복 17,000원

Guest House

⑬ 호시탐탐 게스트하우스

작은 수영장이 있는 정원에서 핑크빛 노을을 감상할 수 있다. 아기자기한 여성 취향 저격 게스트하우스. 조식 포함.

✉ 서귀포시 대정읍 일주서로 2951-7 ☎ 010-2925-5235 ₩ 도미토리 30,000원, 2인 70,000원, 3인 90,000원 🌐 blog.naver.com/hoshitamtam_jeju

⑭ 활엽수 게스트하우스

100년 된 돌집을 부부가 한 땀 한 땀 직접 고친, 곳곳에 아날로그 감성이 묻어나는 숙소. 계절마다 바뀌는 정성가득 조식 포함.

✉ 서귀포시 대정읍 상모대서로20번길 44 ☎ 010-9074-9589 ₩ 도미토리 25,000원, 1인실 35,000원, 2인실 65,000원 📷 mendolong.com

⑮ 레몬트리 게스트하우스

모슬포항 바로 앞, 맛집 골목 한가운데 위치한 게스트하우스. 유서 깊은 여관을 직접 개조한 곳으로, 한식뷔페 조식이 푸짐하기로 유명하다.

✉ 서귀포시 대정읍 하모항구로 70 ☎ 064-794-2525 ₩ 도미토리 20,000~22,000원, 가족실 80,000원 🌐 www.lemon3.co.kr

송악산 둘레길

서귀포시 대정읍 송악관광로 421-1

송악산 둘레길은 바다를 면한 장쾌함과 송악산 주변 부드럽고 야트막한 오름의 능선이 어우러져 어디서도 보기 힘든 독특한 아름다움을 자랑한다.

제주 올레 10코스의 백미라 할 수 있는 송악산 둘레길을 걷다 보면 절벽 아래쪽에 쥐구멍을 파놓은 듯한 동굴이 숭숭 뚫려 있는 모습을 볼 수 있다. 일제 시대 때 만들어 놓은 동굴진지다. 이외에도 멀리 보이는 산방산, 형제섬, 용머리해안은 물론 마라도와 가파도까지 제주 남서부의 최고 풍광을 모두 볼 수 있다. 수국이 한창인 6월에는 제주 최대의 수국 자생지인 송악산 둘레길을 놓치지 말자.

송악산에 도착하기 전 일제 시대 당시에 건설한 군사 시설인 알뜨르 비행장(서귀포시 대정읍 상모리 1670)을 지난다. 지금은 감자밭으로 변해버린 옛 활주로 여기저기엔 콘크리트 무덤 형태의 격납고 20여 개가 흩어져 있다. 그중 한 격납고 속에는 실물 크기 제로센 비행기 모형이 숨어 있어 당시의 모습을 상상하게 한다. 비행장 바로 옆에는 4·3유적지 섯알 오름 학살 터가 있다.

용머리해안

서귀포시 안덕면 사계남로216번길 24-32
2,000원(용머리해안+산방산 통합 입장권 2,500원)
064-794-2940

산방산랜드 옆 넓은 공영 주차장에 스쿠터를 세우면 눈앞에 우뚝 솟은 산방산부터 눈에 들어올 것이다. 산방산랜드와 산방산을 뒤로 하고 각종 기념품과 간식을 파는 상점을 지나면 산책길로 들어선다. 그 다음 하멜 상선 전시관, 말 타는 곳을 지나야만 용머리해안이 나타난다. 입장료 2,000원만 내면 제주도에서 가장 이국적이고 드라마틱한 풍경 중 하나인 용머리해안을 맘껏 즐길 수 있다.

수 천 만년 동안 층층이 쌓인 사암층 암벽과 바다가 맞닿아 있는 풍경은 그야말로 절경이다. 발아래로는 영롱한 에메랄드색의 바다와 멀리 섶섬과 문섬, 송악산, 박수기정이 차례로 눈앞에 펼쳐진다.

용이 꿈틀거리는 듯한 길을 거닐다 보면 해녀들이 좌판을 펴고 신선한 해산물도 팔고 있으니 잠시 앉아 맛보는 것도 좋겠다. 거대한 돌계단을 올라오는 것으로 용머리해안 산책은 끝이 난다. 입구 쪽으로 돌아가면 처음에 지나친 하멜 상선 전시관이 나온다. 입장은 무료이므로 시간이 넉넉하다면 한번 둘러보자.

Tip 물때를 잘 맞춰야 들어가 볼 수 있다. 만조 시간 및 기상 악화 시 출입이 제한된다. 입장 가능한지 미리 전화로 알아보고 방문하자.

Cafe

❶ 스테이 위드 커피

로스터리 카페로 핸드드립 커피와 원두를 판매한다. 카페 정원에 있는 거대한 야자수는 이국적인 분위기를 연출한다.

✉ 서귀포시 안덕면 형제해안로 32 ☎ 070-4400-5730 OPEN 09:00~21:00(수 휴무) ₩ 호밀빵의 파수꾼 6,000원, 커피 탐라도다 7,000원 🌐 www.staywith coffe.com

❷ 유루유루

따스한 감성 가득한 여성 취향저격 카페. 제철 과일로 만든 콩포트 음료와 토스트가 맛있다.

✉ 서귀포시 안덕면 산방로 367-1 ☎ 010-4611-3880 OPEN 11:00~19:00(수 휴무) ₩ 아메리카노 3,500원, 딸기소다 5,500원, 앙버터토스트 5,000원 📷 @cafeyuruyuru

❸ 레이지박스

산방산 아래서 용머리해안을 내려다보는 명당. 당근케이크가 맛있는 카페.

✉ 서귀포시 안덕면 산방로 208 ☎ 064-792-7347 OPEN 4~9월 10:00~19:00, 10~3월 10:00~18:30 ₩ 아메리카노 4,000원, 제주당근케이크 4,000원, 당근주스 6,500원 🌐 www.lazybox.co.kr

Restaurant

④ 소봉식당

스타셰프 김소봉셰프가 산방산아래에 오픈한 정갈한 일본요리정식 식당. 깔끔한 식당인테리어와 가마솥에 짓는 하얀 쌀밥이 인상적이다.

✉ 서귀포시 안덕면 사계로 191 ☎ 070-8147-1418 OPEN 11:30~21:00(수 휴무, 브레이크 타임 15:00~17:00) ₩ 치킨남반정식 15,000원, 간장게살장정식 19,000원

⑤ 덕성식당

해물전골, 오분작뚝배기, 갈치조림 등 싱싱한 해산물로 만든 제주 토속 음식 맛집.

✉ 서귀포시 안덕면 사계남로 145 ☎ 064-794-9707 ₩ 해물전골(소) 30,000원, 갈치조림(소) 30,000원, 오분작뚝배기 12,000원

⑥ 춘미향식당

돼지목살구이, 옥돔구이, 딱새우장, 보말국을 한번에 즐길 수 있는 춘미향정식이 인기. 저렴한 고기정식도 좋다.

✉ 서귀포시 안덕면 산방로 382 ☎ 064-794-5558 OPEN 11:00~20:00(브레이크 타임 14:00~17:00, 수 휴무) ₩ 보말정식 10,000원, 고기정식 7,000원, 춘미향정식 18,000원

Entertainment

⑦ 산방굴사

산방산 남서쪽 중턱에 깊이 10m, 높이와 너비가 5m인 천연 석굴. 원래는 산방굴인데 안에 불상을 안치하고 있어 산방굴사가 되었다. 이곳에서 내려다보는 일출과 용머리해안, 형제섬, 가파도, 마라도의 전경이 절경이다. 주차장에서부터 산방굴사까지 길은 조금 가파르지만 계단이 잘 정비되어 있어 오르기 어렵지 않다.

✉ 서귀포시 안덕면 사계리 산 16 ☎ 064-794-2940 OPEN 08:30~17:30 ₩ 입장료 1,000원

⑧ 산방산 탄산온천

산방산이 바로 앞에 위치한 제주 최대의 천연 온천. 고개를 돌리면 한라산이 보여 자연 속에서 피로를 풀기에 좋다. 청정 제주에서 태평양으로 이어지는 대자연의 온기를 느껴보자.

✉ 서귀포시 안덕면 사계북로41번길 192 ☎ 064-792-8300 OPEN 찜질방 24시간, 실내 온천 06:00~24:00 ₩ 성인 12,000원 ⊕ www.tansanhot.com

Guest House

⑨ 가라지 하우스

단 8명의 '나 홀로 여행자'만 예약 가능한 게스트하우스. 넓고 쾌적하며, 세련된 공간을 자랑한다.

✉ 서귀포시 안덕면 산방로388번길 2 ☎ 010-3032-1019 ₩ 1인실 50,000원, 2인 도미토리 35,000~40,000원 ⊕ garagehouse.kr

⑩ 산방산온천 게스트하우스 2호점

게스트하우스에 숙박하면 산방산 탄산 온천 이용이 공짜!

✉ 서귀포시 안덕면 사계리 966 ₩ 도미토리 22,000원 ⊕ www.sanbangsan.co.kr

박수기정을 바라보며 느리게 쉬어가는
대평리

용머리해안에서 나와 화순 읍내를 지나면 길은 바다를 잠시 벗어나 안덕 계곡으로 이어진다. 해안 절벽인 박수기정에 가로막히기 때문이다. 안덕 계곡에서 다시 바다를 향해 구불구불 이어지는 길을 내려오면 바로 대평리다.

오지 마을로 들어가는 생경한 기분이 든다. 하지만 곧 신축 펜션단지가 나타나 실망을 안겨주더니, 대평포구로 내려가면 다시 쓸쓸한 옛날 마을이다. 그리고 이곳에서 길을 가로막았던 실체 박수기정을 정면으로 마주한다. 거대한 해안 절벽의 비현실적인 풍경은 감동으로 다가온다. 대평리는 박수기정이 가로막은 덕분에 외부와 단절된 고즈넉하고 평화로운 마을이었으나 현재는 사람들이 붐비는 명소가 되었다.

대평리의 원래 이름은 용왕의 아들이 살았던 평평하고 긴 들판이라는 뜻의 '용왕난드르'이다. 바닷가 마을이지만 넓은 들에는 마늘밭과 청보리밭이 가득하고, 마을 뒤에는 군산이 버티고 있는 매력적인 마을이다.

그 매력을 느리게 즐길 수 있는 장소들이 구석구석 자리 잡고 있다. 마을 길이 좁아 차보다는 스쿠터를 타고 돌아보기에 알맞다.

Cafe

❶ 카페 물고기

정원에서서 내다보이는 박수기정이 인상적인 돌집. 신을 벗고 들어가는 카페 내부의 공간 구성과 작은 소품은 기품이 흐른다. 장선우 영화감독이 운영하는 곳.

✉ 서귀포시 안덕면 난드르로 25-7 ☎ 070-8147-0804 OPEN 12:00~21:00(월 휴무) ₩ 아메리카노 6,000원, 카페라테 6,000원

❷ 카페 루시아

바다와 박수기정 전망이 시원하게 펼쳐지는 카페. 커다란 야자수 그늘 아래 앉아 여유 있게 풍경을 즐겨보자. 커피와 다양한 음료메뉴, 수제 젤라토가 있다.

✉ 서귀포시 안덕면 난드르로 49-19 ☎ 064-738-8003 OPEN 11:00~20:00 ₩ 아메리카노 4,500원, 카페라테 5,500원 🌐 blog.naver.com/lucia8003

❸ 더 리트리브

커다란 전면 격자창으로 들어오는 햇살이 넓은 공간을 가득 채우는 커피 전문 카페.

✉ 서귀포시 안덕면 화순로 67 ☎ 010-2172-6345 OPEN 11:00~22:00(수 휴무) ₩ 에스프레소 5,000원, 핸드드립커피 6,000원 📷 @the_retrieve

Restaurant

❹ 용왕난드르 향토 음식

자극 없이 건강하고 깔끔한 제주 향토 음식을 판매한다.

✉ 서귀포시 안덕면 창천리 876-1 📞 064-738-0715 **OPEN** 08:30~16:00 ₩ 고등어정식 25,000원, 용왕돌솥밥 12,000원

❺ 화순 정낭갈비

불판을 다 덮어버리는 일명 '이불갈비'로 유명한 고깃집.

✉ 서귀포시 안덕면 화순로 71 📞 064-794-8954 **OPEN** 12:00~22:00(월 휴무) ₩ 흑돼지오겹살(300g) 25,000원, 양념갈비(400g) 20,000원

Entertainment

❻ 대평 포구

제주 올레 9코스가 시작되는 기점인 대평 포구 앞으로는 130m 높이의 깎아지른 해안 절벽 박수기정이 눈 앞에 펼쳐진다. 박수기정 아래로 정박한 작은 고깃배들과 푸른 바다가 어우러진 한가한 포구의 모습을 눈에 담아보자. 빨간 등대 위 아름다운 소녀상처럼 대평 포구의 바람을 느껴보자.

✉ 서귀포시 안덕면 감산리 982-2

❼ 군산 오름

높이 334m의 군산 오름은 자동차로 정상 부근까지 오를 수 있는 몇 안 되는 오름 중 하나다. 오르는 길은 시멘트 포장이 되어 있지만 폭이 좁고 경사가 심한 편이다. 걸어서 정상까지 30분 정도 소요되니 걸어서 오르는 것도 좋겠다. 정상에 오르면 앞으로 대평리 마을과 남쪽 바다가 시원하게 펼쳐진다. 뒤쪽으로는 한라산까지 막힘없이 사방이 훤하다.

✉ 서귀포시 안덕면 창천리 564

❽ 안덕 계곡

도로에 인접해 있지만 입구에서 들어서는 순간부터 딴 세상에 온 듯 소음이 사라지고 계곡의 기암 절벽이 펼쳐진다. 300여 종의 다양한 식물이 우거진 계곡은 한 여름에도 시원하다. 계곡이 길지 않아 30분 정도면 둘러볼 수 있다.

✉ 서귀포시 안덕면 감산리 359

Guest House

❾ 티벳풍경 게스트하우스

작은 소품부터 인력거까지 곳곳에서 티베트의 풍경이 그려진다. 화기애애한 분위기에 즉석 음악 공연도 자주 펼쳐진다. 조식 포함.

✉ 서귀포시 안덕면 대평리 789-1 📞 070-4234-5836 ₩ 도미토리 20,000원, 2인실 40,000원~ 🌐 cafe.naver.com/tibetscenery

❿ 치엘로 게스트하우스

낮은 건물들로 둘러싸인 아담한 마당이 아늑하다. 편안하고 정갈한 분위기에서 조용히 쉬어가기 좋은 곳. 유료 조식(3,000원).

✉ 서귀포시 안덕면 대평로 12 📞 070-8147-0951 ₩ 도미토리 25,000원, 2인실 60,000원~ 🌐 www.jejucielo.com

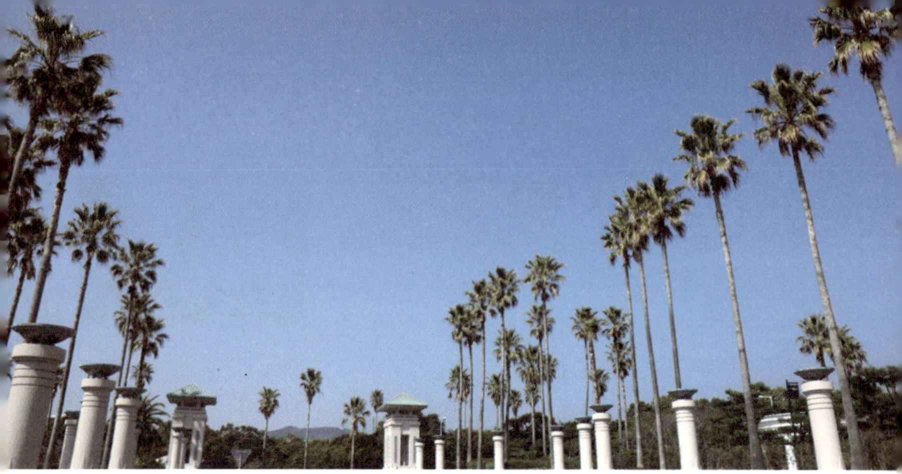

대한민국 최고의 관광단지

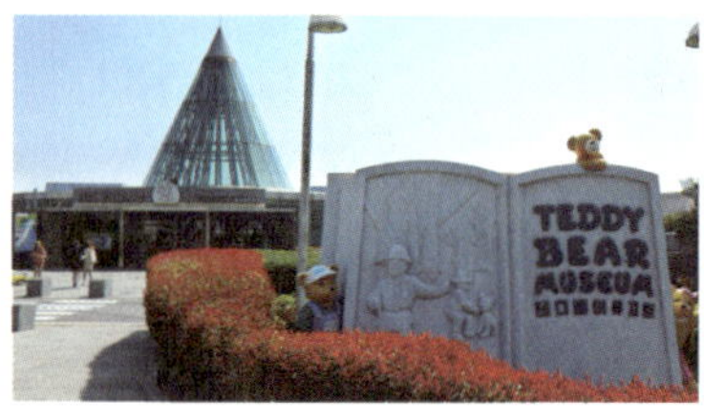

중문관광단지

서귀포시 중문관광로 38(중문관광단지 관광 안내소)

064-739-1330

www.jungmunresort.com

입구에 들어서자마자 높은 야자수가 늘어서 있는 이국적인 풍경이 눈길을 사로잡는다. 1978년부터 중문, 대포, 색달동 일원에 조성된 중문관광단지는 신라 호텔, 롯데 호텔 등 이름만 대면 알만한 최고급 숙박 시설과 여미지 식물원, 아프리카 박물관, 믿거나 말거나 박물관 등 궁금증을 사아내는 다양한 놀이 시설이 촘촘하게 들어서 있다.

이 밖에도 중문 색달 해수욕장, 천제연 폭포, 중문대포 주상절리 등 제주에서만 만날 수 있는 천혜의 자연유산까지 더해져 말 그대로 제주 관광의 종합 선물세트라고 할 수 있겠다.

중문관광단지 안에서 쇼핑, 식사, 관광, 휴식 등 여행의 모든 일정을 소화할 수 있다. 중문 색달 해수욕장에서 태평양의 파도를 즐기고, 천제연 폭포에 살고 있다는 원앙을 찾아보자. 그냥 지나치기 아쉬운 여미지 식물원 및 각종 박물관과 전시관 등 수많은 놀이시설 등을 탐험하다 보면 하루 종일도 모자란다.

Tip 한적함은 전혀 찾아볼 수 없는 대규모 관광지라 도로는 늘 관광버스와 렌터카로 북적거린다. 자칫 길을 잃거나 당황하기 쉬우니 복잡한 도로를 조심스럽게 운전하도록 하자.

Cafe

① 이정의댁

관광단지를 벗어나 중문의 한적한 주택가에 위치한 소박한 옛 건물. 할머니에 대한 사랑을 담아 그 존함을 상호로 쓴 점이 독특하다. 파티시에가 직접 만드는 수제케이크의 맛과 비주얼 모두 섬세함을 자랑한다.

✉ 서귀포시 중문상로 94 ☎ 010-3156-8086 OPEN 12:00~20:00(월 휴무) ₩ 이정의케이크 6,000원, 무스오정의 5,500원, 아메리카노 4,500원, 리쉬티 5,000원 ⓞ @jeongui

② 볼스 카페

감귤 창고를 개조한 베이커리 카페. 무채색의 창고 건물에 세련된 스틸 가구와 대형 식물로 포인트를 줬다. 슈거파우더가 하얗게 올라간 팡도르가 인기.

✉ 서귀포시 일주서로 626 ☎ 070-7779-1981 OPEN 월~금 10:00~20:00, 토·일 10:00~21:00 ₩ 아메리카노 4,500원, 제주감귤 착즙주스 6,000원, 팡도르 5,500원 ⓞ @Volsproduction_official

③ 바다다

서귀포 바다가 그림처럼 펼쳐지는 넓은 잔디밭과 소나무가 어우러져 외국휴양지에 온듯한 이국적 분위기를 연출한다. 서귀포에서 가장 힙한 비치 라운지바.

✉ 서귀포시 대포로 148-15 ☎ 064-738-2882 OPEN 10:00~01:00 ₩ 칵테일 15,000원, 아메리카노 8,000원, 라떼 9,000원 ⓞ @vadada.jeju

④ 해심가든

두툼하면서 부드러운 돼지갈비를 맛볼 수 있는 곳. 기름기가 쏙 빠져 담백하다. 매스컴을 탄 이후로 기다리는 줄이 길다는 게 단점.

✉ 서귀포시 천제연로 203-4 ☎ 064-738-2820 OPEN 15:00~21:30(명절, 비정기 휴무) ₩ 생오겹살 18,000원, 돼지생갈비 18,000원, 돼지양념갈비 17,000원, 성게미역국 10,000원

⑤ 덕성원 중문동점

삼대째 영업하고 있는 70년 전통의 중식당. 창업주의 둘째 손자가 운영 중이다. 커다란 꽃게 한 마리가 먹음직스럽게 올라간 꽃게짬뽕이 가장 유명하다.

✉ 서귀포시 중문관광로321 ☎ 064-738-0750 OPEN 11:00~21:00(브레이크 타임15:00~17:00) ₩ 짜장면 5,000원, 꽃게짬뽕 9,000원, 탕수육(소) 17,000원

⑥ 가람 돌솥밥

제주 전복의 고소하고 담백한 맛을 담은 돌솥밥 전문점. 마가린과 양념간장에 비벼 먹으면 더욱 별미.

✉ 서귀포시 중문관광로 332 ☎ 064-738-1200 OPEN 09:00~22:00 ₩ 전복돌솥밥 15,000원, 전복해물뚝배기 15,000원

Entertainment

⑦ 여미지 식물원

34,000평의 광활한 넓이에 펼쳐진 옥외 식물원과 3,800평의 유리온실 식물원으로 이루어진 중문관광단지 대표 관광지. 다섯 가지 테마의 온실 식물원을 감상한 후 전망대에 올라 중문관광단지와 바다까지 펼쳐지는 전경을 감상하자. 넓은 옥외 식물원을 걷기 힘들다면 식물원을 일주하는 유람 전동 기차를 타고 한 바퀴 둘러봐도 좋다.

✉ 서귀포시 중문관광로 93 ☎ 064-735-1100 OPEN 09:00~18:00 ₩ 입장료 10,000원

⑧ 박물관은 살아있다

사진 찍기 좋은 포토존이 많아 제주에서 색다른 추억을 남길 수 있다. 쑥스러움은 잠시 내려놓고 재미있는 표정과 숨겨진 연기력을 끌어내어 사진 놀이를 즐겨보자.

✉ 서귀포시 중문관광로 42 OPEN 09:00~21:30 ☎ 064-805-0888 ₩ 입장료 11,000원

⑨ 쉬리의 언덕

신라 호텔 뒤쪽으로 이어진 해안 절벽 산책로로 누구나 이용할 수 있다. 산책로를 걷다 보면 중문 색달 해수욕장과 바다를 조망할 수 있는 벤치가 나오는데 이곳이 바로 쉬리의 언덕이다. 쉬리의 언덕은 영화 <쉬리>의 마지막 장면에 나오면서 유명세를 탔다. 오랜 시간이 지났지만 한석규와 김윤진이 내려다보던 제주 바다는 그대로다.

✉ 서귀포시 색달동 3039-41

⑩ 중문 색달 해수욕장

중문관광단지 아래로 넓은 모래사장과 함께 펼쳐진 색달 해수욕장은 파도가 센 편이라 제주 최고의 서핑 장소로 꼽힌다. 모래사장 바로 뒤쪽으로 절벽이 맞닿아 있어 제주 어디서도 찾아보기 힘든 풍경을 볼 수 있다. 중문단지 내 호텔에 묵는 외국인들이 많이 찾는 해변으로 이국적인 풍경을 연출한다.

✉ 서귀포시 색달동 3039

⑪ 천제연 폭포

일곱 선녀들이 밤에 내려와 멱을 감고 놀았다는 전설이 내려오는 폭포. 주상절리 수직 절벽과 어우러진 에메랄드빛 연못의 제1폭포, 웅장한 모습의 제2폭포, 절벽에서 떨어지는 물줄기가 시원한 제3폭포로 이루어져 있다. 천제연이 있는 공원과 중문관광단지를 이어주는 칠선녀교도 아름답다. 왕복 1시간 정도 소요. 산책로 계단의 경사가 심한 편이다.

✉ 서귀포시 천제연로 132 ☎ 064-760-6331 OPEN 08:00~18:00 ₩ 입장료 2,500원

Guest House

⑫ 대포 주상절리

용암이 바닷물과 만나 급격하게 식으면서 만들어진 육각기둥 모양의 바위를 주상절리라 한다. 거북등 모양으로 갈라진 바위들이 자연의 신비로운 장관을 연출한다. 30분 정도의 산책 코스로 적당하다.

✉ 서귀포시 중문동 2763 ☎ 064-738-1521 OPEN 08:00~18:00 ₩ 입장료 2,000원

⑬ 제주토끼

귤나무 과수원을 정원으로 품고 있는 세심하게 설계한 빨간벽돌 건물이 단정하다. 모던한 객실에서 편안하고 조용하게 쉬어가기 좋다. 조식 포함.

✉ 서귀포시 법화로 70-2 ☎ 010-6316-4180 ₩ 2인실 130,000원, 3인실 190,000원 ⊕ jejutokki.com

⑭ 후스토리 게스트하우스

울창한 야자수가 가득한 뒷마당이 인상적인 게스트하우스. 야자수에 매달린 해먹에 파란하늘을 배경삼아 누워있으면 이곳이 천국. 조식 포함.

✉ 서귀포시 색달중앙로 15-1 ☎ 010-6496-2534 ₩ 도미토리 20,000원, 독채 2인 70,000원 ⊕ whostorygh.com

외돌개&황우지 해안

서귀포시 남성로 57
064-760-3033

만선을 약속하고 바다로 나간 할아버지를 기다리다 결국 돌이 되었다는 할머니의 전설이 깃들어 있는 외돌개는 바다 위 홀로 서 있는 바위다. 26개의 제주 올레 코스 중 가장 아름답다는 제주 올레 7코스의 시작점이기도 하다.

바다에 고고하게 서 있는 외돌개를 빙 둘러 조성된 제주 올레 산책로는 걸음을 옮길 때마다 다양한 풍경을 선사한다. 외돌개를 둘러보는 산책로의 끝은 황우지해안으로 이어진다. 좁고 가파른 계단을 내려가야 만날 수 있는 황우지해안은 바위와 자갈이 펼쳐진 현무암 해변이다. 모래사장이 펼쳐진 보통 해수욕장과는 거리가 멀다. 아는 사람만 찾아와 호젓하게 즐기던 해변이 유명해진 것은 선녀탕 때문이다. 완만한 만 형태의 지형에 돌기둥처럼 선 바위섬이 거친 파도를 막아줘 형성된 두 개의 천연 풀장은 제주 비경 중의 으뜸이다. 잔잔한 수면과 얕은 수심은 스노클링을 즐기기에 그만이다. 발만 담그고 있어도 청량함과 시원함에 가슴까지 시리다.

관광객이 늘어나며 안전요원이 배치되었고, 입구에는 스노클링 장비를 대여하는 곳도 생겨났다. 한여름 조용하고 한적한 선녀탕은 더 이상 없지만 투명한 물빛과 검은 현무암 바위가 전해주는 감동은 그대로다.

이중섭거리

✉ 서귀포시 이중섭로 26-3(이중섭 박물관)

📞 064-760-3567 **OPEN** 09:00~18:00(월 휴무)

₩ 입장료 어른 1,500원

🌐 culture.seogwipo.go.kr/jslee

아무리 미술에 문외한이더라도 이중섭의 <소>는 누구나 아는 그림일 것이다. 이처럼 한국인에게 이중섭이라는 화가가 차지하는 존재감은 대단하다. 그의 그림은 쉽고, 시골에 살아보지 않았던 세대까지 향수를 일으키는 묘한 힘이 있다.

그의 이름을 딴 거리가 제주도 서귀포에 자리 잡고 있다. 생가도 아니고, 가장 길게 작업 활동을 했던 곳도 아닌 딱 1년여를 살았던 곳이다.

한 평이 조금 넘는 공간에서 네 식구가 살을 맞대고 살았던 그 시간이 그의 인생에서 가장 행복했던 시기라고 하니 이 동네는 '이중섭거리'라는 타이틀 앞에 당당하다.

이중섭거리는 그의 소박했던 삶의 공간만큼이나 조촐하다. 숙소에서 슬슬 나가 아침나절 시간을 보내기 딱 좋은 그런 규모다. 하지만 그 내용을 찬찬히 들여다보기 시작하면 가벼운 마음으로 나왔다가도 해 질 무렵 아쉬운 발걸음을 뗄 수도 있다.

이중섭 미술관, 이중섭 거주지, 문화거리의 갖가지 공예품, 전시장, 카페, 게다가 코앞의 서귀포 올레 시장까지 어쩌면 이곳에서만 하루를 보내고 싶을 수도 있으니 계획을 잘 세워보자.

Tip 서귀포 이중섭거리는 사람이 북적이기도 하고 경사가 심해 스쿠터 초보자라면 운행이 어려울 수 있다. 이중섭 미술관 주차장에 스쿠터를 주차하고 도보로 이중섭거리를 둘러보도록 하자

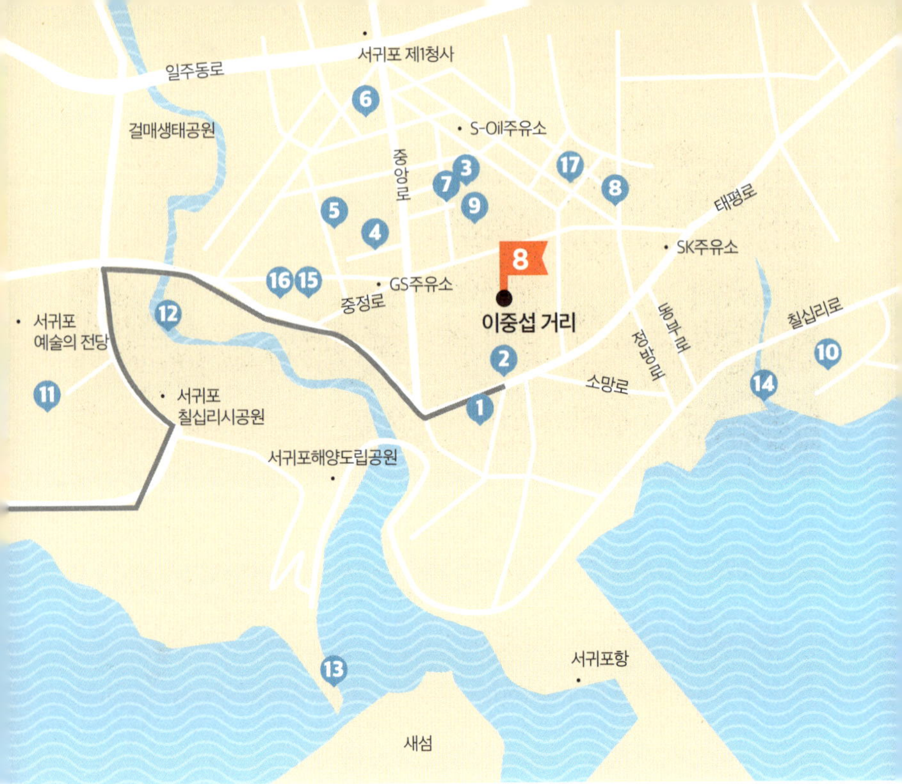

Cafe

1 유동커피

한쪽 벽면을 가득 채운 조유동 사장님의 커피 관련한 각종 상패가 커피 마니아들을 맞이한다. 좋은 커피는 널리 함께 나누어야 한다는 사장님의 철학에 따라 커피 가격도 매우 착하다. 곳곳에 붙어 있는 재미있는 문구와 캐리커처가 심오한 커피의 세계를 가볍게 즐길 수 있게 도와준다.

✉ 서귀포시 태평로 406-2 ☎ 064-733-6662 OPEN 08:00~22:30 ₩ 아메리카노 3,000원, 카페라테 3,500원, 송산동커피 4,500원

② 빌라 드 아토

영화 <그랜드 부다페스트 호텔>을 연상시키는 핑크색 건물이 눈에 띈다. 딸기 스무디에 마카롱과 머랭 쿠키로 알록달록하게 장식한 카롱카롱스무디가 대표 메뉴다. 미슐랭 원스타 레스토랑 출신 사장님이 만드는 요리는 저렴한 가격에 비해 맛이 매우 훌륭하다.

✉ 서귀포시 태평로 413 📞 064-763-7374 OPEN 월~금 09:30~21:00, 토·일 10:00~21:00 ₩ 카롱카롱스무디 7,000원, 딱새우로제떡볶이 12,000원, 핑크로제파스타 16,000원, 흑돼지샌드위치 6,000원 ⓞ @villadeato_jeju

③ 제일떡집

서귀포 올레 시장 내 30년 전통의 오메기 떡집. 기본 팥고물부터 견과류, 흑임자, 카스텔라를 묻힌 것까지 다양한 버전이 있다. 전국 택배 가능.

✉ 서귀포시 중정로73번길 15-1 📞 064-732-3928 OPEN 10:00~20:00 ₩ 오메기떡 6개 4,000원, 오메기떡 11개 7,000원

Restaurant

④ 천짓골식당

제주산 돼지고기만을 엄선하는 돔베고기 전문점. 쫀득하게 혹은 부드럽게, 살 쪽 혹은 비계 쪽 등 취향에 따른 주문이 가능하다.

✉ 서귀포시 중앙로2-2 📞 064-783-0399 OPEN 18:00~22:00(일 휴무) ₩ 돔베고기백돼지오겹 38,000원, 돔베고기흑돼지오겹 54,000원

⑤ 네거리 식당

제주산 갈치로 요리하는 담백하고 칼칼한 갈칫국, 고소한 갈치구이, 매콤 달콤한 갈치조림 등 모두 추천할 만하다. 성게국, 물회, 옥돔구이 등을 모두 먹어볼 수 있다.

✉ 서귀포시 서문로 29번길 20 📞 064-762-5513 OPEN 07:00~22:00 ₩ 갈치국(소) 15,000원, 성게미역국 15,000원, 갈치구이 25,000원, 갈치조림(중) 50,000원

⑥ 용이식당

푸짐하고 저렴한 두루치기를 단일 메뉴로 판매하는 뚝심 있는 곳. 양념이 잘 베인 돼지고기에 마늘, 파채무침, 콩나물무침, 무생채까지 넣어 골고루 익혀주면 가성비 갑의 두루치기 완성. 공기밥과 된장국까지 나온다.

✉ 서귀포시 천지로40 📞 064-732-7892 OPEN 08:30~22:00(수 휴무) ₩ 두루치기 7,000원

Entertainment

❼ 중앙통닭

은은하게 퍼지는 마늘향이 일품인 시장 통닭. 매일 올레 시장에 위치하여 주문 후 시장 구경을 하다 치킨을 찾아가면 딱 좋다.

✉ 서귀포시 중앙로48번길 14-1 ☎ 064-733-3521 OPEN 07:00~21:00(브레이크 타임16:00~17:00, 화 휴무) ₩ 마농후라이드치킨 한 마리 16,000원

❽ 오는정 김밥

3,000원짜리 김밥 한 줄을 먹기 위해 아침 일찍 전화 예약을 해야 하는 집. 평범해 보이지만 튀긴 유부가 들어가서 식감이 독특하고 고소하여 별미다.

✉ 서귀포시 동문동로2 ☎ 064-762-8927 OPEN 10:00~20:00 ₩ 오는정김밥 3,000원, 참치김밥 4,500원

❾ 매일 올레 시장

없는 것 없이 다 있는 서귀포시 상설 전통 시장. 외국인들도 빼놓지 않고 들르는 필수 관광코스이다. 문어빵, 귤하르방, 씨앗호떡, 꽁치김밥, 모닥치기, 흑돼지 꼬치구이 등 먹거리가 즐비해 더욱 즐겁다. 쉬어가기에도 그만!

✉ 서귀포시 중앙로62번길 18 ☎ 064-762-1949 OPEN 동절기 07:00~20:00, 하절기 07:00~21:00

❿ 왈종 미술관

밝고 화사한 색채, 어린아이 같은 천진난만한 화풍으로 제주의 풍경을 담아온 이왈종 화백의 작품이 전시된 미술관. 3층에 위치한 화백의 작업 공간과 옥상 정원도 함께 공개하며, 그곳에서 바라본 서귀포 앞바다 풍경이 예술이다. 전시실 한쪽에는 19금 작품도 전시하고 있으니 찾아보자.

✉ 서귀포시 칠십리로214번길 30 ☎ 064-763-3600 OPEN 10:00~18:00 ₩ 성인 5,000원 🌐 walartmuseum.or.kr

⓫ 기당 미술관

기당 강구범에 의해 건립되어 서귀포시에 기증된 전국 최초의 시립 미술관. 김기창, 장우성, 서세옥, 이왈종, 박노수 등 국내 화단의 주요 작가작품을 소장하고 있다. 상설 전시실에는 제주 출신이자 세계적인 화가 변시지 화백의 작품이 연중 전시된다.

✉ 서귀포시 남성중로153번길 15 ☎ 064-733-1586 OPEN 09:00~18:00(월 휴무) ₩ 성인 1,000원 🌐 culture.seogwipo.go.kr/gidang

⓬ 천지연 폭포

서귀포 대표 관광지. 정방 폭포, 천제연 폭포와 함께 제주도 3대 폭포 중 하나이다. 폭포 길이 22m, 못의 깊이가 20m로 비슷해서 하늘과 땅이 만나서 이룬 연못이라는 의미의 '천지연(天地淵)'이라 불린다. 조명이 비추어진 밤의 폭포 모습을 보고 싶다면 밤 10시까지 여는 야간 개장을 이용하자.

✉ 서귀포시 천지동 667-7 ☎ 064-733-1528 OPEN 08:00~21:00 ₩ 일반 2,000원

⑬ 새섬&새연교

제주 전통 배 '테우'를 모티브로 한 서귀포항과 새섬 사이를 연결하는 최남단 보도교. 새연교를 건너 새섬으로 건너가면 30여 분이면 새섬을 한 바퀴 둘러볼 수 있는 산책로가 정비되어 있다. 밤이면 조명을 밝힌 서귀포항과 새연교의 야경이 화려하다.

✉ 서귀포시 남성중로40 ☎ 064-760-3471 OPEN 연중무휴

⑭ 정방 폭포

23m 높이의 절벽에서 시원하게 떨어지는 물줄기가 장관이다. 국내에서 유일하게 뭍에서 바다로 직접 떨어지는 폭포이다. 폭포 양쪽으로는 주상절리가 잘 발달한 수직 암벽도 볼 수 있다.

✉ 서귀포시 칠십리로214번길 37 ☎ 064-733-1530 OPEN 08:30~18:00(일몰 시간에 따라 변경 가능) ₩ 일반 2,000

⑮ 올레스테이

사단 법인 제주 올레에서 운영하는 올레꾼을 위한 숙소. 객실과 공용 공간 모두 넓고, 시설은 깔끔하고 정갈하게 관리된다. 올레꾼이 아니어도 이용 가능하다.

✉ 서귀포시 중정로22 ☎ 064-762-2167 ₩ 도미토리 22,000원, 1인실 38,000원~ 🌐 www.jejuolle.org

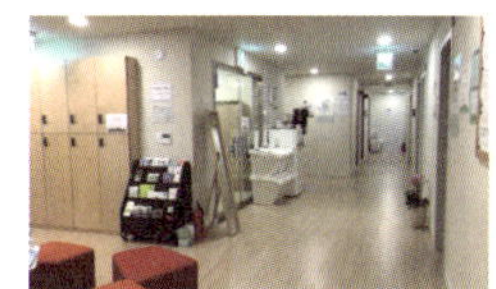

⑯ 백패커스홈

여행자를 위한 시스템이 잘 갖춰진 대형 여행자 숙소. 신청자에 한해 서귀포 야경 투어와 바비큐 파티 진행. 유료 조식(1,000원)

✉ 서귀포시 중정로24 ☎ 064-763-4000 ₩ 도미토리 20,000~24,000원, 2인실 60,000~70,000원, 3인실 72,000~80,000원 🌐 blog.naver.com/backpackershome

⑰ 미도 호스텔

오래된 여관을 리모델링해 탄생한 호스텔로 다양한 형태의 객실을 보유하고 있다. 시크하면서 세련된 디자인, 깨끗하고 안락한 시설을 갖춰 국내외 여행자들이 끊임없이 모여든다. 남에게 피해를 끼치지 않는 한 최대한의 자유를 보장한다는 방침도 매력적이다. 조식 포함.

✉ 서귀포시 동문동로 13-1 ☎ 010-5762-7627 ₩ 도미토리 17,000~24,000원, 2인실 60,000원, 3인실 75,000~85,000원 🌐 www.midohostel.com

Tip 호텔이 무조건 바싸다는 선입견을 버리자. 서귀포 시내에는 수많은 신축 호텔이 있고, 극성수기를 제외하고는 남는 객실을 싸게 운영하는 경우가 많다. 포털 사이트나 숙소 검색 앱에서 호텔을 검색해보자.

판포 포구를 품은 마을
판포리

판포리 해안을 지나가는 날이라면 꼭 옷 안에 수영복을 입고 가길 추천한다. 포구이지만 배가 없는 이곳의 물빛은 보는 순간 당장에 물속으로 들어가고 싶게 만든다.

제주에서는 환상적인 바다를 끊임없이 만나게 되지만 해변이 아님에도 이렇게 비현실적인 빛깔을 보여주는 곳은 드물다. 삼면이 막힌 구조라 파도가 거의 없이 잔잔해서 스노클링의 명소로 떠오르는 곳이다. 수영 초보자는 초입에 있는 계단 쪽에서 즐기면 되고, 숙련자들은 바깥쪽 계단을 통해 바로 깊은 물속으로 들어갈 수 있으니 서로 즐겁다.

물놀이를 즐긴 후 내륙으로 방향을 틀어 들어가면 액자에 걸린 바다를 보며 제주도 기념품을 고를 수 있는 디자인 에이비가 있고, 마을 안쪽에는 예상치 못한 작은 대숲을 만날 수 있는 저녁정원 카페가 있다.

유명한 협재, 금능 해수욕장과 신창 해안 도로 사이에 숨겨진 보석 같은 마을이다.

핫플레이스

Cafe

① 저녁정원

통창으로 보이는 뒷마당의 대나무 숲이 비현실적인 느낌으로 다가오는 곳. 주택의 오래된 창살을 그대로 살린 창을 통해 들어오는 햇살이 따스하다. 그날그날 만들어 한정 판매되는 카스텔라를 맛보고 싶다면 일찍 방문할 것.

✉ 제주시 한경면 판포중길 31 OPEN 12:00~20:00(화·수 휴무) ₩ 아메리카노 5,000원, 밀크티 6,000원, 저녁정원 카스텔라 6,000원 ⓞ @evening_garden

Restaurant

② 판포리로

판포리 바다 전망을 마주하며 먹을 수 있는 딱새우떡볶이. 사장님께 딱새우 까는 요령을 배우면 더 맛있게 즐길 수 있다.

✉ 제주시 한경면 판포1길 44-1 ☎ 010-3325-3310 OPEN 11:30~19:30(월·공휴일 휴무) ₩ 로제딱새우떡볶이 9,000원, 매콤딱새우떡볶이 8,000원 ⓞ @panporiro

Shopping

③ 디자인 에이비

액세서리, 달력, 메모지, 엽서 등 제주도만의 이색적인 선물이 가득한 편집 숍.

✉ 제주시 한경면 판포리2854-10 ☎ 010-2849-8257 OPEN 10:00~18:00(6~8월 10:00~19:00, 수 휴무) ⊕ www.designab.co.kr

Guest House

④ 제푸 게스트하우스

제주도 푸른 바다를 바라보며 잠들 수 있는 판포 포구 앞 게스트하우스. 일출, 일몰 무료 투어 진행. 조식 포함.

✉ 제주시 한경면 일주서로 4549 ₩ 도미토리 18,000원 ☎ 064-772-3003 ⊕ cafe.naver.com/jefuguesthouse

서쪽 제주의 힙한 중산간 마을

조수리

제주시 한경면 조수7길 55(조수1리 복지회관)

카페 투어, 핫 플레이스 투어 중이라면 서쪽 시골 마을 조수리로 가자. 그중에서도 조수 1리를 추천한다.

마을의 규모가 크지 않아 걸어서 둘러보기 좋다. 조수 1리 복지회관 앞에 스쿠터를 세워두고 발길 닿는 대로 마을을 탐험하자. 조용하던 중산간 마을에 최근 젊은 이주민들이 오픈한 상점들의 분위기가 심상치 않기 때문이다.

제주의 수많은 북카페 중 도서 수량과 다양성, 독서 환경, 내부 분위기 등에서 단연 으뜸인 유람위드북스, 서울 한복판에서 옮겨온 브루마블 커피, 보헤미안의 삶이 묻어나는 와랑무역상사 등이 조수리에 옹기종이 모여 있다. 바다도 안 보이고 이렇다 할 관광 명소도 없어 보이지만 조수리 마을 자체가 매력적인 여행지인 셈이다. 아무런 정보 없이 스쿠터를 타고 휙 지나칠 수도 있는 마을이지만 자세히 알고 보면 헤어 나오기 힘든 마을이다.

Restaurant

③ 데미안

오랜 시간 자리를 지켜온 수제 돈가스 맛집. 전복죽이 애피타이저로 나오며, 두툼하고 바삭한 돈가스는 원하면 리필 해준다. 커피나 주스도 후식으로 포함되어 있다.

✉ 제주시 한경면 홍수암로 560 📞 010-4277-0551 OPEN 11:00~16:00(토 휴무) ₩ 돈가스정식 12,000원 ◎ @jejudemian

Cafe

① 유람위드북스

마을 풍경이 액차처럼 펼쳐지는 좌식 공간, 다락방, 만화책에 둘러싸인 구석 테이블 등 취향에 맞게 자리를 잡자. 다양한 장르의 책이 가득하고 음료 값에 책 읽는 시간이 포함되어 있으니 마음 편히 누리라는 사장님의 글귀에 마음까지 훈훈해진다.

✉ 제주시 한경면 홍수암로 561 📞 070-4227-6640 OPEN 10:00~20:00(목·토 심야책방 10:00~23:00) ₩ 아메리카노 5,000원, 카페라테 5,500원, 홍차 7,000원 ◎ @youram.with.books

② 브루마블 커피

동네의 오래된 집을 고쳐 만든 카페로 마룻바닥과 옛날 문짝에서는 옛것의 편안함이, 골드로 에지를 살린 창틀과 테이블, 심플한 로고에서는 도시의 세련됨이 느껴진다. 핸드드립부터 콜드브루까지 갖춘 커피 전문점.

✉ 제주시 한경면 낙수로1 📞 064-773-0080 OPEN 10:00~19:00(수 휴무) ₩ 핸드드립 6,000~7,000원, 카페라테 5,500원, 양갱 5,000원 ◎ @brewmarvel

Guest House

④ 지니코티지

잔디가 깔린 넓은 마당이 있는 조용한 전원주택. 각 방에 화장실 딸린 1인실과 2인실로 구성되어 있다. 햄버그 스테이크가 조식 메뉴. 조식 포함.

✉ 제주시 한경면 수동1길 15 📞 010-3142-7282 ₩ 커플룸 80,000원 🌐 blog.naver.com/busyfrog

추사관

서귀포시 대정읍 추사로 44
064-710-6803 OPEN 09:00~18:00
무료
www.jeju.go.kr/chusa/index.htm

제주에서 가장 한적한 여행지 중 하나로 별 기대 없이 왔다가 큰 감동을 안고 가는 곳이다. 소박하면서도 기품이 느껴지는 박물관 건물 앞에 서면 지하부터 내려가라 안내하는데 이는 추사의 제주 유배길을 연상시키는 건축적인 장치이다. 제주도는 관광지이기 이전에 유배지로 유명했던 곳이다.

추사 김정희가 55세에 유배되어 8년이 넘도록 제주에 머물던 흔적을 추사 유배지와 추사관에서 살펴볼 수 있다. 추사관은 시, 서, 화에 능했던 조선 후기 대학자이자 예술가였던 김정희의 삶과 학문, 예술 세계를 기리기 위해 건립된 곳으로, 김정희 작 〈세한도〉에 그려진 집을 모티브로 건축가 승효상이 설계하였다.

박물관 관람을 마치고 다시 지상으로 올라와 후문으로 나오면 유배지였던 제주 전통 가옥으로 가게 된다. 추사는 이곳에서 제주의 청년들을 가르치고, 글씨를 연구하고, 마음을 다스리며 추사체를 완성하였다. 고즈넉한 제주의 시골 마을에서 전통 건축과 현대 건축을 여유롭게 감상하며 그의 서체를 감상해보자. 근처에 편의점과 작은 식당이 있어 쉬어가기도 좋다.

Cafe

① 마노르블랑

잘 관리된 아름다운 정원은 가을이면 핑크뮬리로 물든다. 사장님이 공들여 수집한 수많은 찻잔 중 맘에 드는 잔을 직접 골라 즐기는 홍차 전문점. 수억 원 대의 오디오 시스템에서 나오는 클래식 음악에 귀가 호강한다.

✉ 서귀포시 안덕면 일주서로2100번길 46 ☎ 064-794-0999 OPEN 10:00~22:00 ₩ 커피 5,000원, 홍차 8,000원 ◉ @jejumanorblanc

Restaurant

② 청루 봉평 메밀막국수

도민들이 주 고객인 얼음 동동 시원한 메밀막국수 맛집. 반찬으로 나오는 겉절이와 백김치가 입맛을 더욱 돋운다.

✉ 서귀포시 대정읍 일주서로 2215 ☎ 064-792-1238 OPEN 10:30~18:00 ₩ 메밀막국수 7,000원, 들깨메밀칼국수 7,000원, 메밀꿩만두 6,000원

예술로 다시 태어난

저지리

제주시 한경면 저지리

인파로 붐비는 해수욕장에서 벗어나 한적하고 평화로운 마을 저지리로 가보자. 평범한 중산간 마을 같지만 어딘지 모르게 고상하면서 생경한 분위기를 풍긴다.

제주 현대 미술관과 제주 도립 김창열 미술관을 중심으로 약 31명의 예술가들이 입주해 저지 문화 예술인 마을이 형성되어 있기 때문이다. 천천히 산책하며 조각품과 갤러리, 예술가들의 예쁜 집을 구경할 수 있다. 운이 좋다면 입주한 예술가들의 공방에서 작가들이 작품을 만드는 과정을 엿볼 기회도 생긴다.

마을의 분위기가 매우 여유롭고 세련된 카페들도 많아 더없이 좋다. 사계절 푸르고 전망 좋은 저지 오름에 잠시 올라 봐도 좋고, 여심 저격하는 응 잡화점에 들러 쇼핑을 해도 좋겠다. 혹은 더 남쪽으로 내려와 환상숲 곶자왈의 초록 기운 속에 파묻혀볼 수도 있다.

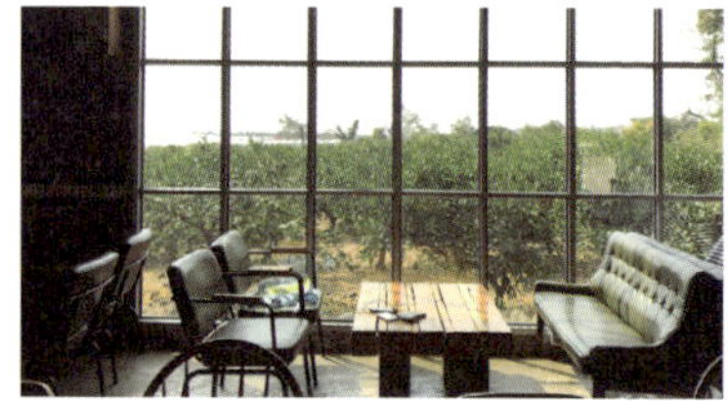

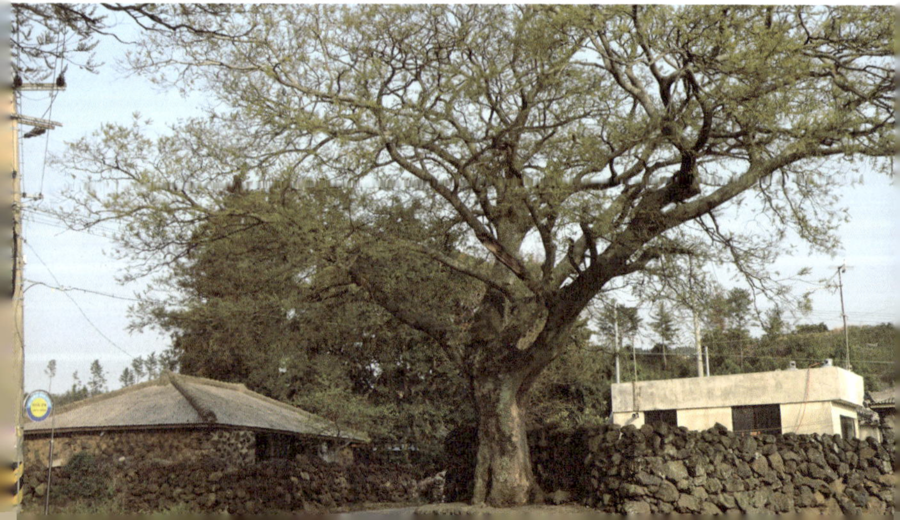

핫플레이스

❸ 명리동식당

연탄불에 구운 자투리 고기와 김치전골이 유명한 고깃집.

✉ 제주시 한경면 녹차분재로 499 ☎ 064-772-5571 OPEN 11:30~21:00(월 휴무) ₩ 자투리고기 14,000원, 김치전골 6,000원

❹ 맛있는 폴부엌

르꼬르등블루 요리 학교 출신 폴 셰프가 만드는 건강하고 제주스러운 요리.

✉ 제주시 한경면 저지리 2969-18 ☎ 010-2169-1624 OPEN 11:00~20:00(브레이크 타임15:00~17:00, 화 휴무) ₩ 카프레제샐러드 10,000원, 버터오일파스타 16,000원, 딱새우커리 12,000원 🌐 paulkitchen.co.kr

Cafe

❶ 뉴저지 카페

감귤 창고를 리모델링한 빈티지 카페. 격자창으로 보이는 감귤밭 뷰가 압권이다.

✉ 제주시 한경면 저지리 2960 ☎ 064-773-7088 OPEN 11:00~23:00 ₩ 드립커피 6,000원, 뉴저지비엔나 6,500원, 한라봉에이드 6,000원 📷 @newjerseycafe

Restaurant

❷ 양가형제

육즙 가득, 불맛 가득한 패티와 매일 직접 굽는 번으로 만든 수제버거.

✉ 제주시 한경면 청수동8길 3 OPEN 11:00~19:30(브레이크 타임15:00~16:00, 목 휴무) ₩ 경버거 8,800원, 석버거 8,800원 🌐 ybros4u.wixsite.com/ybros

Entertainment

❺ 제주 현대 미술관

저지 문화 예술인 마을 중심부에 위치한다. 김흥수 화백 작품 20점, 박

광진 화백 작품 149점 등 그 밖에 다양한 국내 현대 미술 작가들의 작품들이 전시되어 있다. 야외에 자리한 어린이 조각 공원에서는 꽃 얼굴을 한 표범 등 재미있는 작품들과 사진을 찍어보자.

✉ 제주시 한경면 저지14길 35 ☎ 064-710-7801 OPEN 09:00~18:00(7~9월 09:00~19:00, 월·명절 휴관) ₩ 성인 2,000원 🌐 www.jejumuseum.go.kr

⑥ 제주 도립 김창열 미술관

1972년부터 물방울이라는 소재를 다루면서 '물방울 작가'라고 불리기 시작한 김창열 화백의 작품과 현대 미술 작품을 전시하는 미술관. 빛과 그림자가 공존하는 김창열 화백의 작품을 모티브로 빛의 중정과 독특한 미술관 건축도 관람 포인트.

✉ 제주시 한경면 저지리 2120-82 ☎ 064-710-4150 OPEN 동절기 09:00~18:00, 하절기 09:00~20:00, 월·명절 휴관) ₩ 성인 2,000원 🌐 kimtschang-yeul.jeju.go.kr

⑦ 환상숲 곶자왈

숲 해설사와 함께하는 곶자왈 힐링 여행. 제주 곶자왈을 지켜온 해설사의 애정어린 설명과 함께 곶자왈의 가치를 이해하는 시간을 가져보자.

✉ 제주시 한경면 녹차분재로 594-1 ☎ 064-772-2488 OPEN 동절기 09:00~16:00, 하절기 09:00~18:00(일 오전 휴무) ₩ 성인 5,000원 🌐 www.jejupark.co.kr

⑧ 청수리 곶자왈 반딧불이 축제

6월 한 달간 펼쳐지는 환상적인 반딧불이의 향연. 밤 제주 곶자왈의 숲 속에 은하수가 펼쳐진다. 반딧불이 보호를 위해 카메라촬영은 금지된다. 예약 필수.

✉ 제주시 한경면 연명로 348 웃뜨르빛센터 ☎ 064-772-1303 OPEN 20:00~21:30

Guest House

⑨ 카라반 응&응 잡화점

잔디가 깔린 드넓은 마당 안에 자리한 여성 전용 카라반. 오밀조밀하지만 불편 없이 꾸며진 캠핑카에서 하룻밤을 보내보자. 조식 포함. 여성 전용 '카라반 응' 스테이와 한 마당 안에 자리한 '응 잡화점'에는 작고, 아기자기하고, 귀여운 물품들은 모두 모여 있다. 마당에서 플리 마켓을 열기도 하고, 카라반에서 캐리커처 수업도 진행한다.

✉ 제주시 한경면 용금로 758-1 ☎ 010-4248-0820 응 잡호점 OPEN 11:00~17:00 (일·월 휴무) 카라반 응 ₩ 2인 100,000원, 3인 120,000원 📷 @kikiki032980

⑩ 엉클보로 게스트하우스

저지리 예술인 마을에 있는 깔끔한 여성 전용 게스트하우스. 운영한지 6년이나 되었음에도 이제 막 오픈한 듯 깨끗함을 유지하는 곳. 그 비결은 엄격한 숙소 이용 규칙에 있음을 참고하자. 유료 조식.

✉ 제주시 한경면 저지12길 60-6 ☎ 070-8861-4343 ₩ 도미토리 25,000원, 2인실 60,000원 🌐 www.uncleboro.com

오설록 티 뮤지엄

서귀포시 안덕면 신화역사로 15
064-794-5312   OPEN 09:00~18:00
무료
www.osulloc.com/kr/ko/museum

오설록 티 뮤지엄은 아모레퍼시픽이 차와 한국 전통차 문화를 소개하고 널리 보급하고자 2001년 9월에 개관한 국내 최초의 차 박물관이다. 단순히 녹차밭 풍경을 감상하는 것을 넘어 즐길 거리가 넘치는 곳이다.

전통차 문화를 소개하는 박물관, 줄 서서 먹는 녹차 아이스크림과 롤케이크가 있는 카페, 다도를 체험할 수 있는 티스톤, 화장품 구입과 브런치를 즐길 수 있는 이니스프리 제주하우스 등이 있다.

녹차밭은 제주 올레 14-1 코스에 포함될 만큼 아름다운 풍광을 자랑한다. 특히 날씨가 좋을 때는 멀리 바다가 함께 보여 전남 보성의 녹차밭과는 또 다른 매력이 있다. 차밭이나 박물관 입장은 무료지만 다양한 차와 먹거리, 기념품 등의 유혹에 넘어가면 지갑은 순식간에 가벼워질 수 있다. 넓고, 포토 스폿도 많아서 시간도 생각보다 꽤 걸리는 곳이다.

Tip 신화역사로는 왕복 4차선 도로에 교차로까지 있어 교통이 복잡하다. 주차장을 찾는 차들로 주의가 산만해지는 구간이니 주의하자. 동시에 보행자도 많으니 안전에 유의하자.

다. 애니메이션 <라바> 캐릭터를 중심으로 조성된 신화테마파크는 아이들과 동심을 간직한 어른들을 위한 놀이동산이다. 빅뱅의 지드래곤이 운영하는 카페 UNTITLED2017도 입구 앞에 위치한다.

✉ 서귀포시 안덕면 신화역사로 304번길 98 📞 1677-8800 OPEN 10:00~ 18:00 ₩ 입장료 성인 24,000원 🌐 www.shinhwaworld.com

Cafe

1 인공위성 제주

'질문 서점'이라는 테마로 운영되는 독특한 콘셉트의 북카페. '정말 좋아하는 일을 하고 있나요?', '고독 안에서 자신을 마주할 수 있나요?' 등의 질문과 함께 기부된 책이 제목, 작가, 출판사 등 책 정보를 가리고 블라인드북으로 포장되어 진열되어 있다. 조용하고 넓고 밝은 카페에서는 직접 구운 베이글과 음료를 판매한다.

✉ 서귀포시 안덕면 서광남로 123 📞 070-4147-0255 OPEN 11:00~19:00(월·매월 마지막 일 휴무) ₩ 미니베이글+크림치즈 5,000원, 드립커피 5,000원, 에이드 7,000원 📷 @2lookbookjeju

Restaurant

2 서광 우리집식당

갖은 채소와 돼지고기가 듬뿍 들어간 매콤달콤 돼지불백.

✉ 서귀포시 안덕면 녹차분재로59번길 8 📞 064-794-2601 OPEN 10:00~17:00(일 휴무) ₩ 묵은지김치전골 25,000원, 돼지불백 8,000원

Entertainment

3 제주신화월드 신화테마파크

대규모 호텔과 리조트, 테마파크, 카지노 등이 들어서는 제주신화월드가 한창 공사 중에 있다. 그중 2017년 신화테마파크가 먼저 문을 열었

4 티스톤 다도체험

오설록 티 뮤지엄에서 운영하는 티타임&티스톤 투어프로그램. 홈페이지 예약 필수.

✉ 서귀포시 안덕면 신화역사로 23 📞 010-2661-5312 OPEN 09:30, 11:00, 13:00, 14:30, 16:00(1회 50분 소요) ₩ 강의비용 30,000원(2인 기준) 🌐 www.osulloc.com

5 노리매 공원

수선화, 매화, 목련, 작약, 동백, 하귤나무, 녹차나무, 조팝나무 등 다양한 꽃과 나무들이 있어 사계절 내내 자연을 즐길 수 있는 도시형 공원.

✉ 서귀포시 대정읍 중산간서로 2260-15 📞 064-792-8211 OPEN 09:00~18:00 ₩ 성인 9,000원 🌐 www.norimae.com

방주 교회

✉ 서귀포시 안덕면 산록남로 762번길 113

제주에는 아름다운 자연환경뿐만 아니라 독특한 문화와 역사가 있고, 이 모든 것을 바탕으로 한 예술까지 조화를 이루고 있다.

특히 이 작은 섬에 세계적인 건축가들의 건축물이 있는 것이 흥미롭다. 안덕면 상창리에는 이타미 준과 안도 다다오의 걸작이 다섯 개 이상 모여 있으니 건축과 예술에 관심 있는 사람이라면 시간을 할애해 보자.

제주도 천혜의 자연을 해치지 않고 조화를 이루며 거장의 아우라를 발산하는 작품을 감상하고 나면 제주도 여행의 격이 달라진다.

방주 교회는 이타미 준의 유작이자 노아의 방주를 모티브로 한 건축물로 누구나 반할 만큼 아름다운 형상을 하고 있어 포토 스폿으로 사랑받고 있다. 노아의 방주가 바다 위에 떠 있는 듯한 교회의 모습과 여러 색깔로 반짝거리는 조각보 같은 지붕이 환상적인 느낌을 준다. 실제로 예배를 진행하는 교회인 만큼 이곳을 둘러볼 때는 기본적인 예의를 지키자.

핫플레이스 

물관이 아닌 '명상의 공간으로서의 박물관'을 제시하고 있으며, 자연을 경험하는 그 자체로 작품이 되는 건축을 구현하였다. 사전 예약을 통해 해설사와 함께 관람하면, 이타미 준과 건축물에 얽힌 재미있는 에피소드를 들을 수 있다.

✉ 서귀포시 안덕면 산록남로 762번길 71 OPEN 3~11월 10:30, 16:00, 12월 13:30, 15:30, 1~2월 14:00, 15:30 ₩ 15,000원(홈페이지 사전 예약 필수) ⊕ www.biotopiamuseum.co.kr

Cafe

① 커피맛이 멜로

삼나무로 둘러싸인 숲속의 산장 같은 느낌의 건물. 실내에서 바라보는 초록빛 세상은 힐링을 선사한다. 로스터리 카페로 커피 맛도 좋다.

✉ 서귀포시 안덕면 신화역사로 752 ☎ 064-792-7971 OPEN 11:00~19:00(일 휴무) ₩ 아메리카노 4,500원, 핸드드립 6,000원, 멜로다방 6,500원, 쇼콜라쇼 7,500원, 팥트라슈 빙수 8,500원 ◎ @coffee_melo

Restaurant

② 포도 호텔 레스토랑

포도 호텔에 위치한 곳으로 왕새우 튀김 우동으로 유명하다.

✉ 서귀포시 안덕면 산록남로 863 ☎ 064-793-7030 OPEN 06:30~22:00 ₩ 왕새우튀김우동정식 23,000원, 새우튀김짬뽕우동 35,000원

Entertainment

③ 비오토피아 수풍석 박물관

제주도 상징인 물, 바람, 돌을 각각의 테마로 삼고 있는 박물관이다. 이곳은 미술품을 전시하는 일반적인 박

④ 본태 박물관

현대 건축의 거장 안도 다다오의 작품이다. 본래의 형태라는 뜻으로 인류 본연의 아름다움을 탐구하고자 하는 취지로 세워진 본태 박물관은 해발 550m 한라산 중턱에 서귀포 바다와 군산 오름이 내려다보이는 곳에 위치하고 있다. 안도 다다오의 트레이드마크인 노출 콘크리트로 지어져 있지만 '기와'를 활용하여 한국적인 미를 더했다. 전통 공예 전시관인 1관, 현대 미술관인 2관, 특별 기획 전시가 열리는 3, 4, 5관이 있다.

✉ 서귀포시 안덕면 산록남로 762번길 69 OPEN 10:00~18:00 ₩ 20,000원(당일 비오토피아 수풍석 박물관 관람 시 5,000원 할인) ⊕ www.bontemuseum.com/

카멜리아 힐

서귀포시 안덕면 병악로 166
064-792-0088
성인 8,000원, 단체 6,000원
www.camelliahill.co.kr

카멜리아 힐은 6만여 평 부지에 가을부터 봄까지 시기를 달리해서 피는 80개국 500여 품종의 동백나무가 있는 동양에서 가장 큰 동백 수목원이다.

빨간색, 분홍색, 흰색까지 다양한 색깔의 동백은 물론 포토존이 잘 꾸며져 있고, 온실 카페도 아름다워 2시간 정도는 훌쩍 지나간다. 스쿠터 여행을 가장 많이 하는 봄부터 가을에는 동백꽃을 볼 수 없다는 게 반전이지만 실망하지 말자. 여름의 시작과 함께 카멜리아 힐은 수국 왕국이 된다.

파스텔톤의 내 얼굴보다 더 큰 수국으로 가득한 카멜리아 힐에서 더위를 잠시 잊어보자.

카멜리아 힐에서 중문관광단지로 향하는 길에 화이트톤 인테리어와 초록 식물들을 함께 만날 수 있는 카페 아뜰리에 제주 명월을 지난다. 주인장이 한 땀 한 땀 직접 매만져서 만들어낸 매력적인 공간에서 잠시 쉬었다 가도 좋겠다.

03
제주 동남부

제주 대표 관광지인 성산일출봉 주변을 제외하고는 한적한 제주의 옛 모습을 많이 간직한 지역이다. 한적하다 하여 아름답지 않은 것은 아니다. 한번 매스컴이나 SNS에서 유명세를 치르게 되면 언제 그랬냐는 듯 순식간에 도로가 혼잡해질 정도로 사람이 북적거린다. 위미리의 애기 동백 농원이 그랬고, 가시리 녹산로가 그랬고, 신천 목장과 보롬왓이 그랬다. 스쿠터를 타고 구석구석 달리며 아직 소문이 덜 난 명소를 찾아가는 기쁨을 누려보자.

원데이 코스 

아름다운 계곡 쇠소깍, 따스하고 평화로운 마을 위미리, 물놀이하기 좋은 표선 해수욕장, 이국적인 풍경의 바닷가 절벽 위 신천 목장을 지나 김영갑 갤러리 두모악에서 잠시 숨을 고르자. 다시 바다로 내려와 해안 도로를 잠시 달리면 동남부의 하이라이트 섭지코지와 성산일출봉이다. 섭지코지 앞 신양리에서 하루 묵은 후 다음날 아침 광치기 해변에서 일출을 봐도 좋고, 광치기 해변에서 일몰을 본 후 성산에 숙소를 잡아도 좋다.

1 이중섭거리 → **2** 쇠소깍 → **3** 위미리 → **4** 표선 해수욕장 →

5 김영갑 갤러리 두모악 → **6** 섭지코지 → **7** 성산일출봉

총 길이	64km
예상시간	주행 3시간 40분+관광 5시간
난이도	하중
주의사항	복잡한 서귀포 시내를 빠져나와 쇠소깍, 위미리까지 마을 내 도로를 지난다. 좁고 구불구불한 길이니 운전에 조심하자. 위미리를 벗어나 표선 해수욕장까지 일주 도로를 달린다. 차량 속도가 빠르니 이차선으로 달리며 다른 차량의 운행에 주의하자.

동남부, 이곳만은 꼭 놓치지 말자!

섭지코지&광치기 해변 성산일출봉을 가장 아름답게 감상할 수 있는 곳

위미리 벚꽃, 동백꽃, 수국꽃, 귤꽃까지 꽃향기가 끊이지 않는 고즈넉한 마을

김영갑 갤러리 두모악 제주를 사랑한 고 김영갑 작가의 열정을 느낄 수 있는 곳

녹산로 제주 최고의 유채 꽃길 드라이브

1-2 이중섭거리 ⎯⎯ 7.5㎞ 약 30분 ⎯⎯➤ 쇠소깍

이중섭거리를 출발해 서귀포 시내를 벗어나 4㎞를 달리면 보목 포구다. 보목 포구를 지나 제주 올레 6코스를 따라가면 최대한 바다 가까이 달릴 수 있다. 구불구불 좁은 해안 도로를 따라 2.3㎞를 이동하면 하효항을 지나 쇠소깍에 도착한다.

내비 목적지 쇠소깍   **경유지** 보목 포구   **난이도** 중

2-3 쇠소깍 ⎯⎯ 7.5㎞ 약 30분 ⎯⎯➤ 위미리

쇠소깍을 출발해 일주 도로에서 표선 방향으로 달린다. 일주 도로를 2.5㎞ 달려 '위미 입구 삼거리'에서 우회전해 바닷가 위미 마을로 들어간다. 바닷가 해안길을 휘돌아 위미항으로 달리는 길에 카페 서연의 집을 만난다. 위미항을 지나 마을 안으로 달리면 한적하고 정다운 길이 나타난다. 과수원 사잇길을 달려 와랑와랑 카페로 이어진다.

내비 목적지 와랑와랑   **경유지** 카페 서연의 집   **난이도** 중하

3-4 위미리 ⎯⎯ 21㎞ 약 60분 ⎯⎯➤ 표선 해수욕장

와랑와랑 카페를 출발하여 이차선 도로 태위로를 달려 위미리를 벗어난다. 금호 제주 리조트가 보이면 해안방향으로 우회전, 주차장에 스쿠터를 주차하고 잘 조성된 산책로를 따라 큰엉 해안 경승지를 둘러보자. 금호 제주 리조트에서 11㎞를 더 달려 가마 교차로에서 민속 해안로 방면으로 우회전해 해안 도로 따라 6㎞를 직진하면 제주 해비치 리조트를 지나 표선 해수욕장에 도착한다.

내비 목적지 표선 해수욕장   **경유지** 큰엉 해안 경승지, 제주 해비치 리조트
난이도 중하

4-5 표선 해수욕장 —— 8㎞ 약 30분 —→ 김영갑 갤러리 두모악

표선 해수욕장을 나와 표선리 사거리에서 우회전하여 직진하면 일주 도로로 이어진다. 일주 도로를 4.5km 달려 삼달 교차로에서 김영갑 갤러리 두모악 방향으로 좌회전 후 조금 더 달리면 김영갑 갤러리 두모악이다.

내비 목적지 김영갑 갤러리 두모악　난이도 중

5-6 김영갑 갤러리 두모악 —— 14㎞ 약 50분 —→ 섭지코지

김영갑 갤러리 두모악에서 다시 삼달 교차로로 내려와 좌회전해 일주 도로를 달린다. 서동 교차로에서 해안 도로로 좌회전해 환해장성로로 접어든다. 해안 도로를 따라 9.3㎞ 직진, 선양 포구를 지나 섭지코지 주차장을 향해 해안길을 달린다.

내비 목적지 섭지코지　난이도 중하

Tip 내비는 일주 도로를 달리도록 안내한다. 해안 도로의 경관이 더 좋으니 내비의 안내를 따르지 말고 해안 도로로 진입해 달리도록 하자.

6-7 섭지코지 —— 6㎞ 약 20분 —→ 성산일출봉

섭지코지 주차장에서 되돌아 나와 성산일출봉 방면으로 달린다. 고성리 마을을 지나 광치기 해변을 거쳐 성산일출봉으로 달린다.

내비 목적지 성산일출봉　난이도 중하

추가 코스 1  가시리(녹산로) 루트

제주에서 가장 아름다운 드라이브 루트인 녹산로와 금백조로를 둘러보는 동남부 중산간 내륙 핵심 코스. 아름답고 시원하게 뻗어 있는 길을 달리며 중산간의 매력을 오롯이 느껴보자.

1 이중섭거리 → **2** 쇠소깍 → **3** 위미리 → **4** 가시리(녹산로) →
5 백약이 오름(금백조로) → **6** 성산일출봉

총 길이	65km
예상시간	주행 3시간 40분+관광 5시간
난이도	중
주의사항	녹산로를 지나 비자림로, 금백조로, 수산리, 고성리로 이어지는 도로는 교통량이 많다. 자동차 속도가 빠르니 주위 차량의 흐름에 주의하며 안전 운전하자.

3-4 위미리 ———18㎞ 약60분——→ 가시리

와랑와랑 카페를 출발하여 이차선 도로 태위로를 달려 위미리를 벗어난다. 금호 제주 리조트가 보이면 해안방향으로 우회전, 주차장에 스쿠터를 주차하자. 도보로 큰엉 해안 경승지를 둘러보자. 큰엉 해안 경승지에서 다시 출발해 8.5㎞ 달린 후 좌회전, 토산 초등학교를 지나 계속 직진하자. 토산 1리 마을을 거쳐 가시리까지 이어진다.

내비 목적지 가시리 사무소 **경유지** 큰엉 해안 경승지, 토산 초등학교 **난이도** 중

4-5 가시리 ———20㎞ 약60분——→ 백약이 오름

가시리 마을에서 중산간동로를 따라 1㎞ 이동 후 가시리 사거리에서 좌회전해 녹산로로 진입한다. 외길인 녹산로를 달리면 조랑말 체험 공원을 지나 비자림로를 만난다. 우회전 후 4㎞를 달려 삼거리에서 우측 금백조로로 진입한다. 한가로운 금백조로의 풍경을 즐기며 달리다 보면 백약이 오름에 도착한다.

내비 목적지 백약이 오름 **경유지** 조랑말 체험 공원 **난이도** 중

5-6 백약이 오름 ———15㎞ 약40분——→ 성산일출봉

백약이 오름에서 금백조로 7.5㎞ 직진 후 수산 2리 입구 삼거리에서 성산일출봉 방향으로 달린다. 6㎞를 계속 직진하면 광치기 해변을 지나 성산일출봉에 도착한다.

내비 목적지 성산일출봉 **난이도** 중

추가 코스 2 성읍 민속 마을 루트

1 이중섭거리 → **2** 쇠소깍 → **3** 위미리 → **4** 표선 해수욕장 → **5** 김영갑 갤러리 두모악 → **6 성읍 민속 마을** → **7** 성산일출봉

총 길이 66㎞

예상시간 3시간 40분+관광 5시간

난이도 중

주의사항 성읍 민속 마을에서 성산일출봉으로 향하는 서성일로는 차량 속도가 빠르다. 주위 차량 흐름에 주의하며 안전 운전하자.

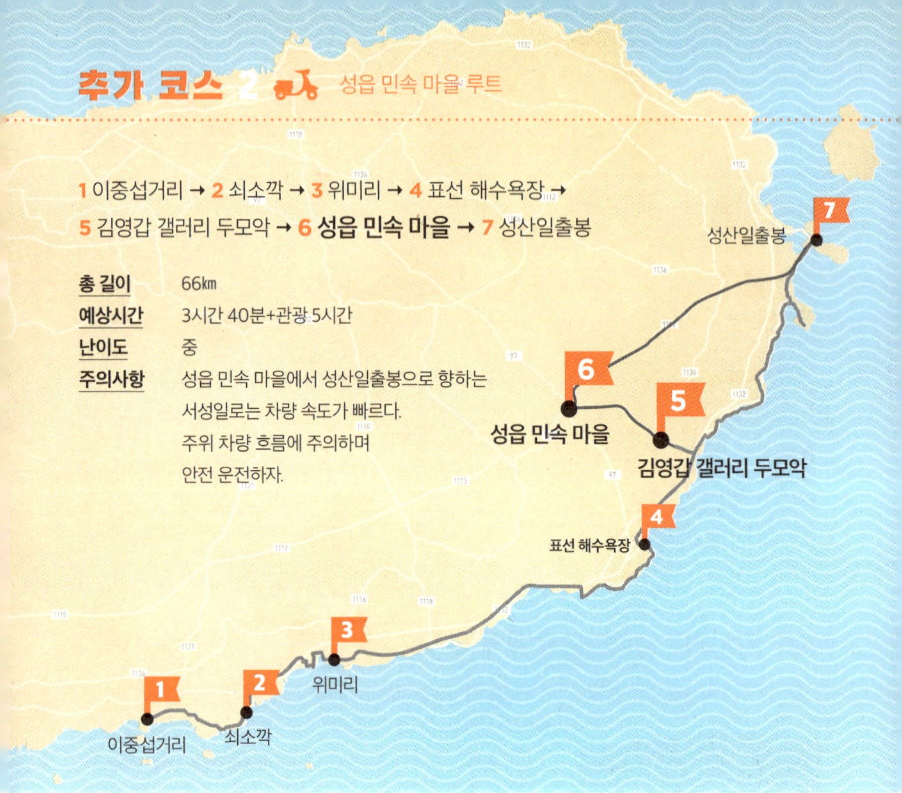

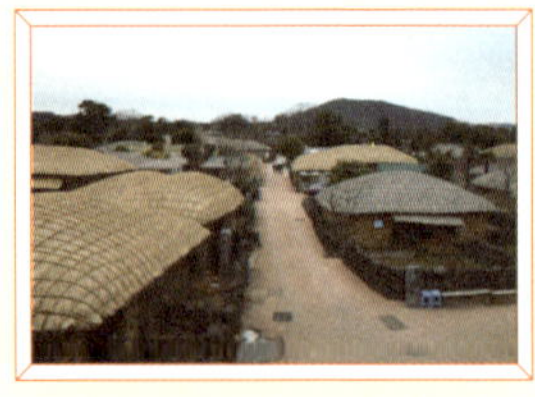

5-6 김영갑 갤러리 두모악 —6㎞ 약 20분→ 성읍 민속 마을

김영갑 갤러리 두모악에서 6㎞를 달리면 성읍 민속 마을이다.

내비 목적지 성읍 민속 마을 난이도 하

6-7 성읍 민속 마을 —16㎞ 약 50분→ 성산일출봉

성읍 민속 마을을 나와 14㎞ 직진하면 일출로로 이어지며, 광치기 해변을 지나 2㎞를 더 달리면 성산일출봉에 도착한다.

내비 목적지 성산일출봉 난이도 중

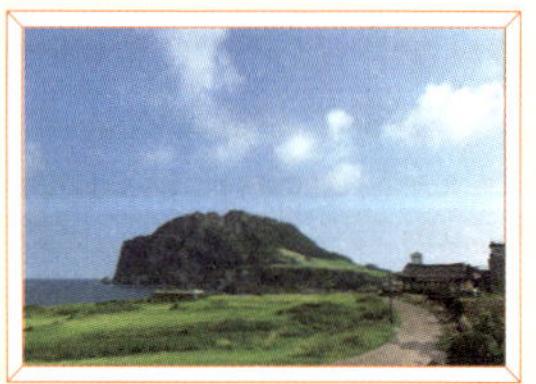

신비로운 물빛을 지닌
쇠소깍

'쇠'는 소(牛), '소'는 연못(沼), '깍'은 끝을 의미한다. 소를 키우는 동네 끄트머리에 위치한 작은 연못이라는 뜻. 이름에 비해 지나치게 아름다운 쇠소깍은 한라산에서부터 내려온 효돈천이 긴 여정을 마치고 마침내 바다와 만나는 계곡에 위치한다.

과거 동네 주민들이 기우제를 지내던 신성한 곳이다. 기암괴석이 병풍처럼 둘러친 골짜기와 소나무 숲이 울창한 산책로에서 쇠소깍의 고요한 청록빛 물빛을 보고 있노라면 절로 그 독특한 풍광에 압도된다. 용암이 흘러내리다 굳어져 만들어진 계곡 바위의 기상은 역동적이고, 아래로 고여 있는 푸른 연못은 평화롭다. 잘 정비된 산책로를 따라 산책을 나서보자. 상류에서 하류로 골짜기를 둘러보는 코스는 도로에서 겨우 몇 미터 벗어났을 뿐이지만 잠시 딴 세상에 들어선 듯하다.

쇠소깍은 원래 투명 카약과 수상 자전거, 전통 뗏목 테우 타기 등으로 유명했으나 현재는 자연 경관 보호를 이유로 수상 레저 운행이 금지되었다.

이제 연못에 들어가 투명 카약을 즐길 수는 없게 되었지만 맑은 물빛과 한가로운 쇠소깍 본연의 풍광을 감상하기엔 더욱 잘 된 일이다.

핫플레이스 

Cafe

① 테라로사 서귀포점

귤밭 속 적색 벽돌 건물의 높은 천장이 주는 풍부한 공간감이 매력적이다. 취향별로 섬세하게 커피를 선택해 주문할 수 있다. 종종 꼭 가보고 싶은 제주 카페 1순위로 꼽히는 곳이다.

✉ 서귀포시 칠십리로658번길 27-16 OPEN 09:00~21:00 ₩ 핸드드립 커피 5,500~7,500원, 카페라테 5,000원, 홍차 5,000원 🌐 www.terarosa.com

② 또또시

유기농 밀로 만든 천연 발효빵을 판매한다. 프레첼과 소라빵이 유명한 작은 빵집이다. 돌코롬 우유를 곁들여 먹으면 더 좋다.

✉ 서귀포시 쇠소깍로 151-8 ☎ 070-4242-0707 OPEN 10:00~18:30(수 휴무) ₩ 프레첼 3,500원, 소락소라 3,000원 ⓞ @ttottosi

Restaurant

③ 아서원

당신이 아는 짬뽕은 잊어라! 보통 짬뽕과는 완전히 다른 맛. 돼지 뼈로 육수를 내어 진한 국물이 일품이다. 맛에 대한 평가는 호불호가 갈리는 편.

✉ 서귀포시 일주동로 8143 ☎ 064-767-3130 OPEN 10:30~19:00(비정기 휴무) ₩ 고기짬뽕 7,000원, 짜장면 5,000원, 탕수육 14,000원

Guest House

④ 바람코지 게스트하우스

쇠소깍 도보 5분 거리의 깔끔한 숙소로 친절한 부부 사장님이 운영 중이다. 조식 포함.

✉ 서귀포시 하효중앙로 5 ☎ 010-8746-2675 ₩ 도미토리 20,000원, 커플룸 60,000원~ 🌐 www.baramcozy.com

⑤ 베터 플레이스

이국적인 외관과 세련된 인테리어의 게스트하우스. 요리를 할 수 있도록 도구와 양념이 구비된 주방이 있어 편리하다. 조식 포함.

✉ 서귀포시 칠십리로 438-4 ☎ 070-8876-9442 ₩ 도미토리 25,000원, 2인실 70,000원 🌐 blog.naver.com/3rdplace_

위미리

✉ 서귀포시 남원읍 위미리

스쿠터 여행과 가장 어울리는 마을 중 한 곳이 바로 위미리이다. 봄에는 흩날리는 벚꽃 비를 맞고, 벚꽃이 지고 나면 아쉬울 틈 없이 진한 귤꽃 향을 맡으며 유유자적 정겨운 시골길을 달린다.

여름이면 탐스러운 수국길이, 찬바람이 불기 시작하면 붉은 동백꽃과 노랗게 익어가는 감귤의 향연이 펼쳐진다. 낮은 돌담, 다정하고 오래된 옛날 상점들, 트렌디하지만 동네 분위기에 완벽하게 스며든 소박한 상점들을 돌아보다 보면 어느새 바다에 닿고, 뒤돌아보면 그림 같은 한라산이 버티고 있다.

한라산이 찬바람을 막아주는 덕분에 위미리에는 늘 따스한 햇살이 머물고, 봄날 같은 여유로운 공기가 흐른다. 문득문득 발길을 붙잡는 서정적인 풍경을 즐기려면 덩치 큰 렌터카보다는 가벼운 스쿠터가 제격이다.

마을 중심에 쭉 뻗은 태위로를 따라 천천히 달리는 것만으로도 봄날 같은 위미리를 충분히 느낄 수 있지만 위미리의 매력에 더 빠져보고 싶다면 제주 올레 5코스를 따라 마을 안길과 바다 곁을 달려보자. 상상하던 제주가 바로 이곳에 있다.

Cafe

① 와랑와랑

감귤밭 풍경의 돌집 카페. 핸드드립 커피와 찰떡구이가 맛있다. 동백을 원료로 하는 기념품도 판매한다.

✉ 서귀포시 남원읍 위미중앙로300번길 28 ☎ 070-4656-1761 OPEN 11:00~18:00 ₩ 핸드드립 커피 4,500원, 더치커피 5,000원, 밀크티 5,500원, 찰떡구이 4,500원

② 카페 서연의 집

영화 <건축학개론> 촬영지로 유명하다. 창 너머에 파노라마처럼 펼쳐지는 바다 풍경이 백미. 날씨가 좋은 날에는 2층 테라스에서 잠깐 쉬면 좋다.

✉ 서귀포시 남원읍 위미해안로 86 ☎ 064-764-7894 OPEN 09:00~21:00 ₩ 커피 4,000~6,300원, 아포가토 7,000원, 한라봉꿀차 6,000원

③ 공천포 카페 숑

공천포 바다 풍경이 창문 가득 들어오는 편안한 분위기의 작은 카페. 농도별로 고를 수 있는 핫 초콜릿과 와플이 맛있다.

✉ 서귀포시 남원읍 공천포로 91 ☎ 070-4191-0586 OPEN 10:00~20:00(화 휴무) ₩ 커피류 3,500~5,500원, 핫 초콜릿 4,500~7,500원, 와플 7,500~13,000원 @synng

Restaurant

④ 시스 베이글

두 자매가 직접 굽는 쫀득쫀득 베이글 가게. 베이글과 스프레드의 종류가 다양해 골라 먹는 재미가 있다. 수프와 샐러드, 커피가 함께 제공되는 베이글 세트는 훌륭한 한 끼 식사.

✉ 서귀포시 남원읍 태위로 87 ☎ 010-3224-5083 OPEN 11:00~18:00(수·셋째 주 목 휴무) ₩ 베이글 2,500원, 커피류 4,000원~, 베이글 세트 10,500원

⑤ 키아스마

위미리 골목 안 귤 창고를 고쳐 만든 분위기 좋은 브런치 카페. 베이컨 안에 달걀과 시금치로 속을 채운 스피니치 허그가 유명하다.

✉ 서귀포시 남원읍 태위로 255 ☎ 070-4222-0102 OPEN 11:00~18:00(수 휴무) ₩ 알 아히요+바게트 12,000원, 스피니치 허그(3p) 10,000원, 아메리카노 5,000원 📷 @kiasma_coffee

⑥ 공천포 식당

공천포 해녀가 잡은 재료로 만든 제주 옛날 방식의 된장 물회 맛집. TV 프로그램 <백종원의 3대 천왕>으로 유명세를 탔다. 일반적인 물회와는 다른 맛이다.

✉ 서귀포시 남원읍 공천포로 89 ☎ 064-767-2425 OPEN 10:00~19:30(목 휴무) ₩ 한치 물회 12,000원, 전복죽 10,000원

⑦ 요네주방+주방상회

공천포 바닷가 앞 작은 혼밥 환영 식당. 오일파스타, 크림파스타, 콩커리로 세 가지 식사메뉴가 준비되어 있는데, 집밥 같은 담백한 맛이 일품이다. 아기자기한 소품 가게를 겸한다.

✉ 서귀포시 남원읍 공천포로 83 ☎ 010-7737-0299 OPEN 12:00~18:00(비정기 휴무, 인스타그램 참조) ₩ 밥말리파스타 12,000원, 명랑한 크림파스타 12,000원 📷 @jeju_yone

⑧ 공새미59

일인 트레이에 정갈하게 차려진 집밥을 따뜻한 분위기 속에서 즐길 수 있는 곳. 돼지고기 간장덮밥, 보말칼국수 등이 유명하다.

✉ 서귀포시 남원읍 공천포로 59-1 ☎ 070-8828-0081 OPEN 09:30~15:00, 17:00~21:00(화 휴무) ₩ 돼지고기간장덮밥 8,000원, 돼지고기강된장덮밥 8,000원, 보말칼국수 9,000원

Entertainment

⑨ 위미 애기 동백 농원

핫 핑크 컬러의 애기 동백나무가 수십 그루 모여 있는 이곳이 SNS를 뜨겁게 달구고 있다. 토종 동백꽃과 다르게 꽃잎 하나하나가 흩날리며 떨어진다. 이곳에서 동백꽃 향기에 취해 마음껏 사진을 찍어보자. 주차는 큰 도로변에 하자.

✉ 서귀포시 남원읍 위미리 927 ₩ 입장료 3,000원

⑩ 위미리 동백나무 군락

토종 동백나무가 울창한 제주도 지정 기념물이다. 17세 되던 해 이 마을로 시집온 현병춘 할머니가 어렵게 모은 돈으로 이곳 황무지를 사들였다. 모진 바람을 막기 위하여 한라산의 동백 씨앗을 채취해 뿌리고 가꾼 것이 오늘날에 이르러 울창한 숲을 이루었다. 애기 동백 농원만큼의 화려함은 없지만 꽃송이 통째로 뚝뚝 떨어진 토종 동백꽃이 주는 분위기가 운치 있다.

✉ 서귀포시 남원읍 위미중앙로 300번길 15 ₩ 무료

⑪ 라바 북스

주인장 취향의 책과 소소하고 작은 소품을 판매하는 작은 책방. 플리마켓 등 작은 이벤트도 가끔 진행한다. 시스베이글과 한 건물에 나란히 위치해 있다.

✉ 서귀포시 남원읍 태위로 87 ☎ 010-4416-0444 OPEN 11:00~18:00(매주 수·셋째 주 목 휴무) 🌐 www.labas-book.com

⑫ 큰엉 해안 경승지

바다를 삼킬 듯 웅장하게 펼쳐진 기암절벽 위를 걷는 2㎞의 산책로. 울창한 숲 터널 속 나뭇가지가 만든 한반도 지형은 포토존으로 유명하다.

✉ 서귀포시 남원읍 태위로 522-17 ₩ 무료

Guest House

⑬ 게스트하우스 도치

알록달록한 건물이 한눈에 들어오는 곳. 아티스트들의 공연, 전시, 막걸리 파티(20,000원)가 열린다. 조식 포함.

✉ 서귀포시 남원읍 태위로151번길 17 ☎ 010-4465-0918 ₩ 도미토리 28,000원~, 2인실 60,000~70,000원 🌐 www.dochi-jeju.me

⑭ 안녕메이 게스트하우스

1, 2인 여행객에게 알맞고 깔끔하고 정갈한 여성 취향 저격 게스트하우스. 조식 포함.

✉ 서귀포시 남원읍 공천포로11번길 9 ☎ 010-3242-8757 ₩ 2인 도미토리 35,000원, 1인실 45,000원, 너블룸 60,000원, 트윈룸 70,000원 🌐 www.helloJUNE.co.kr

⑮ 비 레이지

조용히 쉬어가기 좋은 2인실 B&B. 조식 포함. 10월 말이나 11월에 가면 감귤밭 마당을 즐길 수 있다.

✉ 서귀포시 남원읍 위미해안로129번길 17 ☎ 010-6569-7979 ₩ 2인실 주중 90,000원, 수발 및 공휴일 100,000원 🌐 belazy.co.kr

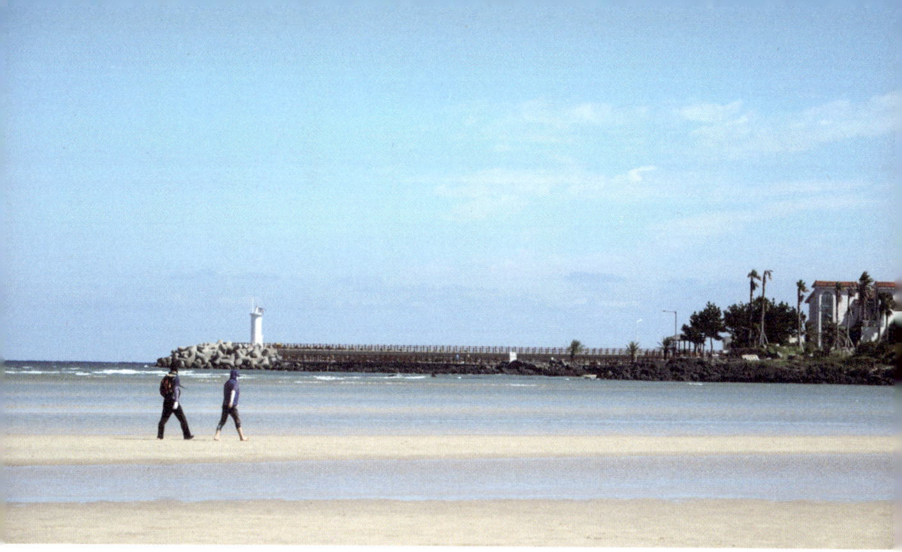

끝도 없이 펼쳐진 모래사장

표선 해수욕장

서귀포시 표선면 표선리 44-4

064-760-4476

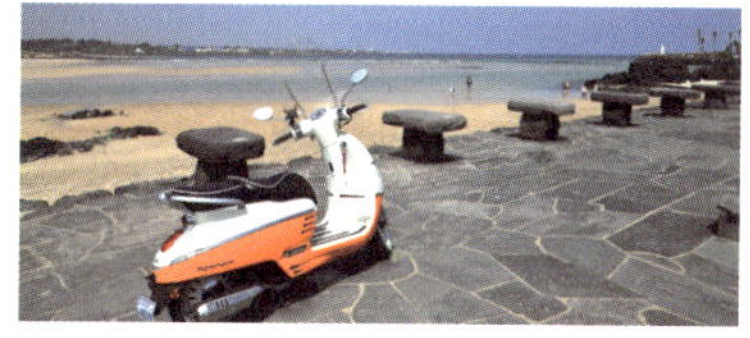

위미리를 벗어나 표선 해수욕장까지 오는 길의 해안 도로는 조금은 지루하고 쓸쓸하다고 느낄 수 있다. 이는 달리 말하면 제주 본연의 모습을 볼 수 있는 길이라고 할 수 있겠다.

빈틈없이 카페와 호텔이 들어찬 애월 해안 도로와 달리 양식장과 고즈넉한 마을, 거친 현무암 위로 하얗게 부서지는 파도와 바다가 주인공이다. 제주 올레 4코스의 일부이기도 한 해안 도로 드라이브가 끝나면 표선 해수욕장에 도착한다.

넓고 깨끗하게 관리된 잔디밭과 야영장, 각종 편의 시설뿐만 아니라 그곳에 북적이는 사람들을 만나는 순간 느껴지는 관광지의 활기가 반갑다.

표선 해수욕장은 아이들과 물놀이하기 좋은 곳으로 유명하다. 수심이 얕고, 백사장이 넓기 때문이다. 썰물 때는 무려 200~300m를 걸어가야 바다에 닿을 수 있고, 밀물 때 물이 들어차도 수심이 1m 정도밖에 되지 않는다. 안전 요원들도 카누를 타고 얕고 넓은 바다를 누빈다. 바다에 몸은 담그기 싫고, 발만 살짝 적시고 싶은 스쿠터 여행자라면 이곳이 딱이다.

Cafe

1 카페 희상

표선 해수욕장이 한눈에 펼쳐지는 창고형 카페.

✉ 서귀포시 표선면 표선동서로 324-16 ☎ 010-5660-4409 **OPEN** 10:00~22:00(수 휴무) ₩ 땅콩라테 4,000원, 귤꽃꿀차 6,000원, 눈꽃 팥빙수 10,000원 ⓞ @jeju_cafe_heesang

2 커피가게 쉬고가게

휴게소 같은 촌스러운 외관과 달리 내부는 아기자기 예쁘다. 제주도 로컬 푸드로 만든 다양한 주스와 요거트, 차를 파는 건강한 카페.

✉ 서귀포시 표선면 민속해안로 593 ☎ 064-787-6098 **OPEN** 09:30~22:00 ₩ 아메리카노 3,800원, 제주영귤차 6,500원, 애플망고주스 13,000원, 황금향주스 7,500원 🌐 www.coshe.co.kr

Restaurant

3 춘자 멸치 국수

뜨끈한 국물이 생각날 때 추천한다. 진한 국물이 끝내주는 멸치 국숫집.

✉ 서귀포시 표선면 표선동서로 255 ☎ 064-787-3124 **OPEN** 08:00~18:00(명절 휴무) ₩ 국수 보통 4,000원, 국수 곱빼기 5,000원

Entertainment

④ 표선 어촌 식당

생선이 통째로 들어가지만 비린 맛은 전혀 없고, 뭇국의 시원함과 참기름의 고소함만이 느껴지는 옥돔지리.

✉ 서귀포시 표선면 민속해안로 578-7 ☎ 064-787-0175 OPEN 09:00~21:00 ₩ 옥돔지리 12,000~15,000원, 회덮밥 12,000원, 옥돔구이 20,000원

⑥ 제주 민속촌

조선 말기 제주도의 민속 문화를 볼 수 있는 곳. 어촌, 중산간촌, 산촌 마을의 실제 집을 그대로 옮겨 재현하여 옛사람들이 거주하던 모습을 체험할 수 있다. 하루 세 번 전통문화 공연이 펼쳐지며, 민속 유물과 제주의 풍습까지 이제는 찾기 힘든 옛날 제주의 풍경을 느낄 수 있다. 입장료가 다소 비싸지만 성읍 민속 마을보다 체계적으로 꾸며져 있어 제주도 문화에 대한 이해가 더 쉽다.

✉ 서귀포시 표선면 민속해안로 631-34 ☎ 064-787-4501 OPEN 08:30~17:00 ₩ 입장료 11,000원 🌐 jejufolk.com

Guest House

⑤ 표선 칼국수

직접 반죽하고 숙성시킨 쫄깃한 식감의 보말칼국수. 깍두기와 김치 맛도 일품이다. 매생이보말전도 맛볼 수 있다.

✉ 서귀포시 표선면 민속해안로 578-3 ☎ 064-900-5945 OPEN 10:00~20:00(화휴무) ₩ 보말칼국수 7,000원, 매생이보말전 7,000원

⑦ 와하하 게스트하우스

바닷가 바로 앞 넓은 잔디밭이 인상적인 곳. 제주 게스트하우스의 원조격인 곳이지만 얼마 전 리모델링을 끝내 시설은 최상이다. 조식 포함.

✉ 서귀포시 표선면 민속해안로 317 ☎ 010-5597-2046 ₩ 도미토리 25,000원, 2인실 80,000원 📷 @wahahaguesthouse

⑧ 콤마하우스

표선리 마을 안에 위치한 가성비 좋은 깔끔한 게스트하우스. 각종 편의시설이 가까이 있어 편리하다. 조식 4,000원.

✉ 서귀포시 표선면 표선중앙로 73-9 ☎ 010-5589-0323 ₩ 도미토리 25,000원, 2인실 40,000원~ 🌐 blog.naver.com/ckdmin

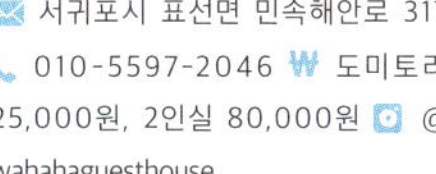

제주의 바람까지 담아낸

김영갑 갤러리 두모악

제주도의 적지 않은 미술관 중 딱 한 곳만 추천하라고 한다면 망설임 없이 김영갑 갤러리 두모악이다.

지겹도록 달리던 해안 도로에서 벗어나 잠시 한라산 쪽으로 방향을 틀자. 20대 중반이던 1982년부터 하늘로 돌아간 2005년까지 제주도에 마음을 빼앗겨 제주 사람도 모르는 제주의 진짜 아름다움을 카메라로 담아낸 고(故)김영갑 작가의 전시 공간이 있다.

낡은 폐교를 고쳐 만든 소담한 갤러리에서 루게릭 병과 싸우던 생애 마지막 순간까지 제주도를 사랑했던 김영갑 작가의 사진을 보고 나면 제주가 어떤 곳인지, 제주에서 내가 무엇을 보고 가야 하는지가 명확해진다.

폭풍이 이는 듯한 그의 사진을 보고 나면 마음속은 이내 고요해지는 경험을 하게 될 것이다. 바다보다는 척박했던 중산간 지대의 오름과 제주의 바람을 특히 사랑했던 그의 사진을 감상한 후에는 가까운 오름에 꼭 들러보자.

그가 각별한 애정을 쏟았던 용눈이 오름도 멀지 않다.

Cafe

① 아줄레주

카페 입구의 하얀 벽에 붙여 놓은 포르투갈 타일 장식이 포토존으로 유명하다. 아무것도 없을 것 같은 시골 마을 깊숙이 자리한다. 직접 담그는 과일청과 에그타르트가 유명하다.

✉ 서귀포시 성산읍 신풍하동로19번길 59 ☎ 010-8518-4052 OPEN 11:00~20:00(화·수·비정기 휴무, 인스타그램 공지) ₩ 아메리카노 5,000원, 수제 과일청 음료 7,000~7,500원, 에그타르트 2,500원 ⓞ @jeju_azul

② 신산리 마을카페

지역에서 생산되는 녹차 등의 농산물로 메뉴를 만들어 마을에서 직접 운영하는 카페. 해안 도로에 위치해 바다 뷰가 좋다.

✉ 서귀포시 성산읍 환해장성로 33 ☎ 064-784-4333 OPEN 09:30~20:00 ₩ 아메리카노 3,500원, 수제녹차아이스크림 3,500원, 녹차크런치초콜릿 2,000원

Restaurant

③ 카페 오름

김영갑 갤러리 두모악 앞 돈가스가 맛있는 집. 식사 메뉴뿐 아니라 커피와 음료 메뉴도 다양하다.

✉ 서귀포시 성산읍 삼달로 128 ☎ 064-784-4554 OPEN 10:30~19:00(수 휴무) ₩ 문어전복토마토파스타 16,500원, 흑돼지돈가스 12,000원 🌐 blog.naver.com/orumcafejeju

Entertainment

⑤ 신천 목장

신천 목장은 여름의 전경보다 겨울의 귤피 말리는 풍경이 더 유명하다. 12~1월이면 넓은 목초지는 온통 주황색 귤껍질로 뒤덮인다. 동물 사료나 화장품의 원료로 사용하기 위해 말리는 귤껍질의 달콤한 향기와 온통 주황색으로 변해버린 목장, 절벽 아래 펼쳐진 서귀포 바다는 어디서도 보기 힘든 독특한 풍광이다.

✉ 서귀포시 성산읍 신천리 5 ₩ 무료

Guest House

④ 산도롱 맨도롱

아침에는 든든한 국밥, 점심에는 새콤달콤한 비빔국수, 저녁에는 뜨끈한 고기국수를 즐길 수 있는 맛집.

✉ 서귀포시 성산읍 일주동로 5105 ☎ 064-782-5105 OPEN 08:00~21:00(화 휴무) ₩ 고기국수 7,000원, 비빔국수 8,000원, 맨도롱든딱곤밥 9,000원

⑥ 물고기나무 게스트하우스

컨테이너 하우스의 외관을 하고 있지만 주인장이 나무로 직접 지은 포근한 느낌의 게스트하우스. 조식 포함.

✉ 서귀포시 성산읍 중산간동로 4204-14 ☎ 010-8566-1037 ₩ 도미토리 25,000원, 2인실 60,000원 🌐 blog.naver.com/fishtree72

⑦ 8PM 게스트하우스

제주 말들이 뛰어노는 신풍 목장과 눈부시게 파란 바다가 바라다보이는 게스트하우스. 조식 포함.

✉ 서귀포시 성산읍 일주동로 5379 ☎ 010-2107-2950 ₩ 도미토리 20,000원~, 2인실 50,000원~ 📷 @8pm_secretgarden

섭지코지

✉ 서귀포시 성산읍 섭지코지로 262
📞 064-731-7000
₩ 입장료 무료

Tip 섭지코지 주차장은 해안 산책로로 바로 연결되어 산책로를 따라 걷기 편하지만 단체 관광객들이 몰려드는 곳이라 번잡스럽다. 단체 여행객의 소란으로부터 벗어나고 싶다면 내륙 쪽의 휘닉스 아일랜드(서귀포시 섭지코지로 107) 주차장에 스쿠터를 세우고 유민 미술관 방향으로 산책을 시작해도 좋다. 주차장에서 억새밭 사이로 난 오솔길을 지나 유민 미술관을 거쳐 방두포 등대까지 이어지는 산책로도 걷기에 훌륭하다.

성산일출봉과 함께 제주 동부의 가장 유명한 관광지인 섭지코지는 제주말로 '바다로 튀어나온 자그마한 땅'이라는 뜻이다. 작은 땅이라는 이름이 무색하게 섭지코지 산책로를 한 바퀴 둘러보려면 두 시간 이상은 필요하다.

손에 닿을 듯 보이는 성산일출봉과 쪽빛 바다를 배경으로 펼쳐진 푸른 잔디밭, 봄날의 노란 유채꽃, 가을날의 억새가 바람에 춤추는 풍광은 제주에서도 손꼽히는 비경이다. 섭지코지 주차장에서 시작하는 해안 산책로를 따라 바다를 끼고 걷자. 말들이 뛰노는 평화로운 풀밭을 지나면 바닷가에 우뚝 선 선녀와 용왕의 사랑에 대한 전설이 담긴 선돌 바위가 보인다. 길은 가파른 계단이 촘촘한 오르막으로 이어진다. 계단 끝엔 섭지코지 최고의 전망을 보여주는 방두포 등대가 자리한다. 오르기 힘들어 보이더라도 그만한 가치가 있으니 놓치지 말고 꼭 올라보자.

등대에서 내려오면 섭지코지의 아름다움을 한껏 살려낸 세계적인 건축 거장 안도 다다오의 작품이 펼쳐진다. 유민 미술관과 글라스하우스가 바로 그의 작품. 섭지코지의 자연을 느낄 수 있는 공간에서 거장의 숨결을 느껴보자.

성산읍사무소

신양섭지코지
해변

신양포구

1132

GS주유소

휘닉스아일랜드

방두포등대

섭지코지

아고라

봉수대

섭지코지주차장

Restaurant

① 가시아방

야들야들하고 잡내 없는 돔베고기가 올라간 제주 최고의 고기국수와 비빔국수 맛집.

✉ 서귀포시 성산읍 섭지코지로10 ☎ 064-783-0987 OPEN 10.30~21.00(첫째, 셋째 주 수 휴무) ₩ 고기국수 6,000원, 비빔국수 6,000원, 돔베고기 25,000원

② 섭지 해녀의 집

성산일출봉 최고의 전망과 함께 해녀들이 잡아 올린 해산물 메뉴를 판매한다. 작은 게를 뜻하는 겡이로 만든 죽이 유명하다.

✉ 서귀포시 성산읍 섭지코지로95 ☎ 064-782-0672 OPEN 07:00~20:00 ₩ 전복죽 11,000원, 겡이죽 10,000원

③ 피시 웍스

제주 광어 양식장에서 직영하는 피시 앤 칩스 전문점. 탁 트인 바다 전망은 기본.

✉ 서귀포시 성산읍 환해장성로913 ☎ 010-8771-3676 OPEN 11:00~21:00 ₩ 피시 앤 칩스 15,000원, 수제 피시버거 14,000원 📷 @fishworks_

Entertainment

④ 유민 미술관

안도 다다오의 작품으로 유명한 '지니어스로사이'가 '유민 미술관'으로 새롭게 변화하였다. 전시 중인 아르누보의 유리 공예 소품들도 볼만 하지만 섭지코지 자연의 모습을 형상화하여 설계한 유민 미술관 자체가 하나의 작품이다. 관람자가 건물 곳곳에서 제주의 물, 바람, 빛, 소리를 느낄 수 있도록 세심하게 연출되었다. 가로로 길게 열린 프레임을 통해 바라보는 성산일출봉의 전경은 유민 미술관의 상징이다.

✉ 서귀포시 성산읍 섭지코지로 93-66 ☎ 064-731-7791 OPEN 09:00~18:00(화 휴무) ₩ 입장료 12,000원 🌐 www.yuminart.org

⑤ 아쿠아 플라넷 제주

가로 23m, 세로 9m의 아시아 최대 규모의 수조를 가진 아쿠아리움. 풍부한 어종과 다양한 공연 콘텐츠, 해녀 물질 시연 등 볼거리가 많다.

✉ 서귀포시 성산읍 섭지코지로 95 ☎ 064-780-0900 OPEN 10:00~19:00 ₩ 성인 종합권 39,800원(인터넷 구매 시 저렴하게 이용 가능) 🌐 www.aquaplanet.co.kr

Guest House

⑥ 노낭 게스트하우스

성산일출봉 전망이 끝내주는 파티 게스트하우스. 남자 객실, 여자 객실, 파티 공간이 각각 다른 건물에 위치한다. 돔베고기&말고기 파티 20,000원. 조식 포함.

✉ 서귀포시 성산읍 섭지코지로62 ☎ 010-2614-2015 ₩ 도미토리 4인실 25,000원, 8인실 20,000원 📷 @nonang_gh

⑦ 자고가 게스트하우스

새하얀 외관만큼 깔끔한 게스트하우스. 객실이나 마당 선 베드에 누워 하루 종일 바다만 바라봐도 좋은 곳. 조식 포함.

✉ 서귀포시 성산읍 신양로122번길 29 ☎ 010-6683-0567 ₩ 도미토리 25,000원 🌐 blog.naver.com/jejujagoga

성산일출봉

✉ 서귀포시 성산읍 일출로 284-12
📞 064-783-0959
OPEN 일출 1시간 전~일몰 1시간 후
₩ 성인 2,000원, 청소년·어린이 1,000원

성산일출봉은 제주에서 가장 젊은 화산이다. 약 5천 년 전 얕은 수심의 해저에서 수성화산 분출에 의해 형성된 응회구이다. 육지와 맞닿은 면을 제외하고는 삼면이 깎아지른 해식 절벽이며, 분화구 위로는 99개의 바위 봉우리가 빙 둘러서 있다. 절벽 위로 우뚝 솟은 봉우리의 모습이 성과 같다 해서 성산(城山)이라 불린다.

원래 바다에 솟은 화산섬이었으나 오랜 세월 퇴적 작용으로 제주 본섬과 연결되었다. 경사가 가파른 편이나 잘 정비된 등산로를 따라 넉넉히 20분이면 꼭대기에 다다른다. 정상에서 바라보는 일출 광경이 아름답기로 유명하다. 해가 떠오르는 동쪽 바다를 향해 내달리는 성산일출봉의 모습은 부드럽게 엎드린 우도와 대비되어 더 웅장하다. 보는 방향과 날씨에 따라 언제나 새로운 모습을 볼 수 있다.

일출봉 주차장으로 올라가는 입구의 경사가 살짝 가파르니 스쿠터 운전 시 주의하자. 진입로 앞 도로는 일방통행이므로, 운전 방향에 주의하자.

Cafe

1 도렐

플레이스 호텔에 위치한 모던한 카페다. 너티 클라우드, 도렐 모카 등이 유명하다. 매장이 넓어서 특별한 일이 없다면 기다리지 않아도 된다.

✉ 서귀포시 성산읍 동류암로 20 ☎ 064-766-3008 OPEN 08:30~22:00 ₩ 너티 클라우드 6,000원, 도렐 모카 6,000원, 아메리카노 4,000원

2 카페 코지

성산일출봉을 바라보며 쑥식빵 등 따끈따끈한 빵을 즐길 수 있는 곳. 늦은 시간에 가면 빵은 품절될 수 있다.

✉ 서귀포시 성산읍 한도로 200 OPEN 08:00~22:00 ☎ 064-784-1005 ₩ 쑥식빵 5,000원, 아메리카노 3,500원, 일출봉빙수 13,000원

Restaurant

3 맛나 식당

달달하고 기름진 양념이 밥도둑인 가성비 최고의 갈치조림 맛집. 유명한 만큼 늘 기다리는 줄이 길다. 기다릴 것을 각오하고 가야 하는 집.

✉ 서귀포시 성산읍 동류암로 41 ☎ 064-782-4771 OPEN 08:30~21:00(재료 소진 시 마감) ₩ 갈치조림 12,000원, 고등어조림 10,000원

④ 경미 휴게소

경미네집이라고도 부른다. 외관은 허름하지만 해녀의 정성이 담긴 해물라면과 성게밥이 유명한 맛집이다.

✉ 서귀포시 성산읍 일출로 259 📞 064-782-2671 OPEN 05:00~18:30 ₩ 해물라면 7,000원, 성게밥 12,000원

⑤ 복자씨 연탄구이

쫄깃한 제주 흑돼지의 참맛을 느끼고 싶다면 이곳. 두툼한 흑돼지 근고기를 연탄불에 구워준다. 바다 앞에 위치하여 기다리는 시간도 즐겁다.

✉ 서귀포시 성산읍 해맞이해안로 2764 📞 064-782-7330 OPEN 12:00~21:00 ₩ 흑돼지 근고기(한 근) 54,000원, 백돼지 근고기(한 근) 42,000원

⑥ 윌라라 피시 앤 칩스

주문 즉시 튀기는 바삭한 튀김과 함께 시원한 맥주 한잔 즐기기 좋은 곳. 피쉬 앤 칩스는 담백한 달고기와 촉촉하고 고소한 상어고기 중 고를 수 있다.

✉ 서귀포시 성산읍 성산중앙로 33 📞 064-782-5120 OPEN 12:00~23:00(브레이크 타임 17:00~18:00) ₩ 윌라라콤보(2가지생선+감자튀김+샐러드) 15,000원, 쉬림프앤칩스 15,000원

Shopping

⑦ 시흥 해녀의 집

조갯살이 넉넉히 들어가서 맛이 개운하다. 최고의 조개죽. 집에 돌아가서도 가끔씩 먹고 싶어지고 자꾸 생각나는 맛이다.

✉ 서귀포시 성산읍 시흥하동로 114 📞 064-782-9230 OPEN 07:00~21:00 ₩ 조개죽 8,000원, 선복죽 11,000원

⑧ B일상 잡화점

일상에 위트를 더하다! 집에 사 가면 엄마에게 등짝 스매싱을 맞을 그런 것들을 모아 판매하는 소품 숍.

✉ 서귀포시 성산읍 오조로 93 OPEN 10:00~17:00(브레이크 타임 12:00~13:00, 일·마지막 주 월 휴무) 📷 @jeju_bilsang

⑨ 광치기 해변

성산일출봉과 섭지코지 사이에 완만한 곡선을 이루며 광치기 해변이 자리하고 있다. 성산일출봉에 비해 비교적 한가하게 일출과 일몰을 감상할 수 있다. 주변에는 1인당 1,000~2,000원의 입장료를 내고 사진을 찍어갈 수 있는 유채 꽃밭이 있다.

✉ 서귀포시 성산읍 고성리 224-33

⑩ 클로버 비앤비

다락방 침대에 누워 성산일출봉으로 떠오르는 해를 볼 수 있다. 당근토스트와 당근주스 등으로 정성껏 차려주는 조식이 일품(유료 조식 2인 1만 원).

✉ 서귀포시 성산읍 시항상동로 109 ☎ 010-2201-1249 ₩ 2인실 110,000원~ 🌐 cloverbnb.com

⑪ 슬로우 트립

B일장 잡화점 운영을 겸하고 있는 주인장이 운영한다. 아기자기한 인테리어가 돋보이는 게스트하우스. 유료 조식 제공(5,000원).

✉ 서귀포시 성산읍 오조리 741 ☎ 010-3301-8793(예약은 블로그 문의로만 가능) ₩ 4인 도미토리 20,000원, 2인 도미토리 25,000원, 1인실 40,000원 🌐 slowtrip.kr

⑫ 코시롱 게스트하우스

걸어서 성산일출봉을 갈 수 있는 위치의 깔끔한 숙소. 숙소에서 즐기는 흑돼지 바비큐 파티와 1층 펍에서 2차로 즐기는 맥주파티가 유명하다. 건물 안에 옛날에 사용하던 우물이 있어 신기하다. 조식포함.

✉ 서귀포시 성산읍 성산중앙로37번길 1 ☎ 010-5595-0718 ₩ 도미토리 25,000원, 2인실 60,000원~ 🌐 blog.naver.com/mh861022

⑬ 플레이스 캠프 제주

인더스트리얼 스타일의 호텔을 중심으로 식당과 카페, 바(Bar)와 감각적인 소품 숍까지 갖춘 복합 문화공간이다. 다양한 원데이클래스, 공연은 물론 플리마켓도 열린다. 제주 속 작은 젊음의 거리.

✉ 서귀포시 성산읍 동류암로 20 ☎ 064-766-3000 ₩ 스탠다드더블룸(2인실) 50,000~110,000원 🌐 www.playcegroup.com

범상치 않은 중산간 마을
가시리

중산간의 조용하고 평범한 마을인 듯한 가시리는 들여다보면 볼수록 특별함이 있는 곳이다. 가시리 마을에서 정석 항공관으로 가는 길인 녹산로는 4월 초 유채꽃과 벚꽃이 동시에 절정에 이를 때 그 화려함이 장관을 이룬다. 그 색의 조합만으로도 특별한데 길이가 8㎞ 이상에 이르니 달리는 내내 황홀경이다.

녹산로 중간에 위치한 조랑말 체험 공원은 가시리 주민들이 뜻을 모아 설립하고 운영하는 국내 최초의 '리립 박물관'이다. 박물관의 설계를 맡은 윤웅원, 김정주 건축가는 주변의 오름군, 풍력 발전기, 드넓은 초원 풍경과 자연스럽게 어우러질 수 있는 단순한 형태의 외관 설계를 제안했다. 화려한 건물에 욕심을 낼 법도 하지만 가시리 주민들은 이를 그대로 받아들여 현재의 조랑말 체험 공원이 탄생할 수 있었다.

가시리에 조랑말 체험 공원이 설립된 까닭은 조선 시대 최고의 말을 길러냈던 '갑마장'이 있던 곳이기 때문이다. 주민들은 이러한 마을의 역사를 기리기 위해 단순히 건축물 하나 세우는 데 그치지 않고 예전의 목축 문화의 흔적을 따라 걸을 수 있는 갑마장길 산책로를 조성했다. 스쿠터 여행 중 20㎞ 길이의 이 길을 걷는 것은 무리지만 산책로의 일부인 따라비 오름은 가볼 만하다. 정상에 오르면 그 능선의 수려함이 한눈에 들어와 이곳이 왜 '오름의 여왕'으로 불리는지 단박에 알아차릴 수 있다. 가을에는 억새가 장관이다.

Restaurant

② 그림상회 화덕피자

화가의 작업실이던 공간을 카페 겸 식당으로 운영하는 곳. 직접 만든 가구, 벽난로, 조각품 등에서 예술적인 감각이 흘러넘친다. 화가가 만든 화덕에서 구운 피자를 맛보자.

✉ 서귀포시 표선면 중산간동로5570번길 9 ☎ 064-787-7607 OPEN 11:30~18:00(목~일 휴무) ₩ 나폴리피자 22,000원, 토마토파스타 10,000원, 아메리카노 3,500원, 차 종류 4,500원 ⓞ @grimsanghoe

Cafe

① 모드락572

최상의 커피를 직접 로스팅하여 다른 카페로 공급하는 수준급 카페. 따스하고 소박한 건물 안에 진한 커피 향이 가득하다.

✉ 서귀포시 표선면 가시로572 ☎ 064-787-5827 OPEN 10:00~22:00(화 휴무) ₩ 핸드드립 커피 5,000원, 아메리카노 3,500원, 카페라테 4,000원

③ 가스름 식당

진한 몸순댓국이 함께 나오는 흑돼지 맛집. 관광객보다는 현지인들이 즐겨 찾는 곳이다. 제주 토박이들의 입맛이 궁금하다면 들러보자.

✉ 서귀포시 표선면 가시로565번길 19 ☎ 064-787-1163 OPEN 09:00~20:30 ₩ 토종흑돼지삼겹살 12,000원, 돼지고기두루치기 7,000원

Entertainment

④ 조랑말 체험 공원

제주의 말 문화를 쉽고 재미있게 이해하고 체험할 수 있도록 조성된 공원이다. 국내 최초 리립 박물관인 조랑말 박물관에서는 600년 제주도 목축 문화 역사를 전시한다. 옥상 정원에 오르면 사방으로 보이는 오름군과 풍력 발전기가 인상적이다. 승마 체험뿐만 아니라 유채꽃이나 해바라기 축제를 열기도 한다. 숙박 시설, 식당, 카페까지 마련되어 있다.

✉ 서귀포시 표선면 녹산로381-15 ☎ 064-787-0960 OPEN 09:00~17:00 ₩ 박물관 입장료 2,000원, 승마 체험 12,000~25,000원 ⊕ www.jejuhorsepark.com

⑤ 따라비 오름

밑에서 보면 단순한 원뿔형이지만 정상에 올라보면 크고 작은 굼부리를 여러 개 거느리고 있는 능선이 아름답다. 능선을 따라 걸으며 한라산과 주변 오름 군락을 감상할 수 있고, 가을철이면 억새로 은빛 물결이 출렁인다.

✉ 서귀포시 표선면 가시리 산62 ₩ 무료

100가지 약초가 피어나는
백약이 오름

서귀포시 표선면 성읍리 산1
064-760-4451

끝없이 이어질 것 같았던 꽃길이 끝나면 녹산로는 곧 비자림로와 만난다. 삼거리에서 동쪽으로 향하면 빽빽한 삼나무 숲길 드라이브가 잠시 이어지는데 곧 시야가 트이면서 오름의 능선이 펼쳐진다.

그중 유난히 잘 생긴 산새로 우뚝 솟아 있는 봉우리가 바로 백약이 오름이다. 백약이 오름은 예로부터 100가지 이상의 약초가 자생한다 하여 붙여진 이름이다.

내륙 깊이 위치해 있어 관광객이 많이 찾지 않는 오름이었지만 매스컴을 탄 이후로 주차난이 벌어지는 곳이 되었다. 하지만 스쿠터 정도 세워둘 자리는 늘 있게 마련이니 걱정하지 말자! 초원 위에 놓인 나무 계단과 뒤로 보이는 백약이 오름의 능선, 한가로이 풀을 뜯는 소들은 목가적인 풍경을 연출한다. 웨딩 촬영 명소로 알려질 만큼 사진이 잘 나오는 곳이니 인증샷은 여기서 남기자. 이후 정상까지는 경사도 완만하고, 높이도 375m로 높지 않아 20분 정도면 오를 수 있다. 정상에 올라 분화구 주변을 한 바퀴 돌아보자. 방향에 따라 다르게 보이는 풍경이 감탄을 자아낸다.

용눈이 오름, 다랑쉬 오름, 높은 오름, 동검은이 오름부터 멀리는 한라산, 성산일출봉, 우도까지 보인다.

Cafe

① 커피 박물관 바움

2만 평이 넘는 숲속 깊숙이 자리한 카페. 건물 1층은 커피 관련 기구와 찻잔 등이 전시된 박물관과 커피 브루잉 체험실이 있다. 2층 라운지는 커다란 통창 가득 푸른 숲을 바라보며 쉬어갈 수 있는 카페가 마련되어 있다.

✉ 서귀포시 성산읍 서성일로 1168번길 89-17 ☎ 064-784-2255 OPEN 동절기 09:00~18:00, 하절기 09:00~19:00 ₩ 입장료 무료, 아메리카노 4,800원, 카페라테 5,900원, 핸드드립 커피 7,500원~ ⊕ jejubaum.com

Restaurant

② 금백조로 가든

옥돔구이, 전복뚝배기, 두루치기까지 제주도 음식을 종류별로 먹어볼 수 있는 가성비 좋은 식당.

✉ 서귀포시 성산읍 금백조로 96 ☎ 064-782-2055 OPEN 09:00~19:00(첫째·셋째 주 일 휴무) ₩ 금백조로 정식(전복뚝배기, 두루치기, 옥돔구이) 2인 25,000원, 오늘의 정식 8,000원, 성게미역국 10,000원

Entertainment

③ 책방 무사

가수 요조가 서울 북촌에 열었던 책방 무사를 제주도로 이전했다. 요조의 취향이 드러나는 서적, 소품, 필름 카메라 등을 판매한다. '한아름 상회'라는 옛날 간판이 그대로 붙어 있다.

✉ 서귀포시 성산읍 수시로10번길 3 OPEN 12:00~18:00(수·목 휴무) ◙ @musabooks

④ 금백조로

백약이 오름부터 수산 2리 삼거리 사이의 구간을 금백조로라고 부른다. 제주 1만 8천여 신들의 어머니인 금백조의 이름을 따서 붙여졌다. 이곳은 가을이 되면 길 양옆에 억새가 만발하여 금빛으로 물드는 드라이브 코스다. 억새가 없더라도 물결치듯 펼쳐지는 오름의 능선은 언제라도 변함이 없으니 드라이브하는 내내 눈이 즐겁다. 금백조로 끝에는 우뚝 솟아오른 성산일출봉이 발길을 재촉한다.

✉ 서귀포시 성산읍 수시로10번길 3

Guest House

⑤ 프로젝트 비 게스트하우스

1인실 두 개와 2인실 두 개가 전부인 작고 조용한 숙소. 유료 조식(5,000원). 1층 카페에서는 바느질 솜씨 좋은 주인장이 직접 만든 손수건이나 파우치 등을 판다.

✉ 서귀포시 성산읍 수산서남로 18-9 ☎ 010-4262-1592 ₩ 1인실 30,000원, 2인실 50,000원 ⊕ projectb.co.kr

제주의 옛 모습을 보여주는
성읍 민속 마을

✉ 서귀포시 표선면 성읍정의현로 35

이국적인 푸른 바다와 숲, 노란 유채꽃, 조랑말과 함께 제주도를 대표하는 이미지 중 하나가 바로 '돌집'이다. 초가지붕, 나무 문짝, 반질반질한 마룻바닥 등 검은 현무암 사이로 시멘트가 아닌 흙을 발라 완성한 진짜 돌집을 보고 싶다면 성읍 민속 마을로 가자.

성읍 민속 마을은 조선 시대 500년의 세월 동안 정의현 도읍지였던 유서 깊은 곳으로, 현재까지 주민들이 실제 생활하며 경관을 유지하고 있는 곳이다. 초가지붕이 눈에 띄는 성읍리 마을로 들어서면 '구경하는 집'이라는 간판과 대형 관광버스들을 볼 수 있어 마을 전체를 민속 마을로 오인하기 쉽다. 하지만 엄밀히 말해 성읍 민속 마을은 동서 160m, 남북 140m 정도 규모의 성곽 내 마을이다.

입장료도 따로 없고, 식당과 기념품 가게의 호객 행위도 없어 편하게 마을을 둘러볼 수 있다.

남문의 망루로 올라서면 영주산 아래 이늑하게 자리한 마을 전체를 조망할 수 있고, 날씨가 좋은 날은 저 멀리 한라산까지 보여 더욱 운치가 있다.

Tip 성읍 민속 마을 교차로에서 좌회전하면 성곽 사이로 난 길을 통해 민속 마을로 들어선다. 민속 마을 내 도로가 복잡하다면 쭉 직진해 남문 쪽으로 가면 넓은 주차장이 마련되어 있다.

Restaurant

❶ 옛날팥죽

제주 돌집에서 저렴한 가격으로 맛보는 담백하고 든든한 팥죽 한 그릇.

✉ 서귀포시 표선면 성읍민속로 130 ☎ 064-787-3357 OPEN 10:00~17:00(월 휴무) ₩ 새알팥죽(2인 이상) 6,500원, 시락국밥 3,500원, 식혜 2,000원

❷ 성읍 칠십리 식당

감귤나무로 초벌구이해 나오는 제주 흑돼지구이집. 고사리와 함께 구워 먹는 것이 별미다.

✉ 서귀포시 표선면 성읍정의현로 74 ☎ 064-787-0911 OPEN 10:00~20:00 ₩ 제주 토종 흑돼지 일반 부위 170g 13,000원

Entertainment

❸ 오늘은 녹차 한잔

제주 서부권에 오설록이 있다면 동부권에는 '오늘은 녹차 한잔'이 있다. 한라산 아래 펼쳐진 넓고 푸른 녹차밭을 여유 있게 거닐 수 있다. 카페에는 잎차뿐 아니라 녹차라테, 롤케이크, 빙수 등 다양한 메뉴가 있다.

✉ 서귀포시 표선면 중산간동로 4772 ☎ 064-787-6888 OPEN 06:30~18:00 ₩ 녹차라테 5,500원, 녹차롤케이크 5,000원

❹ 보롬왓

겹겹의 오름 능선 아래 펼쳐진 10만 평 규모의 밭에 메밀, 라벤더, 보리, 수수, 콩, 조 등 갖가지 곡물을 재배한다. 이를 연중 개방하며, 농작물로 만든 제품을 판매한다. 덕분에 하얀 소금밭 같은 메밀꽃, 연보랏빛 라벤더 등을 시기에 따라 원 없이 볼 수 있다. 농장 한 쪽에 자리한 카페나 잔디밭에 앉아 뻥 뚫린 풍경을 보고 있자면 지상낙원이 따로 없다.

✉ 서귀포시 표선면 번영로 2350-104 ☎ 064-742-8181 OPEN 10:00~18:00 📷 @boromwat_

❺ 모구리 야영장

취사장, 샤워실, 화장실 등 각종 편의시설은 물론 전기 사용까지 가능한 제주도 대표 캠핑장. 운동 시설, 산책로 등도 갖추고 있어 일 년 내내 캠퍼들의 발길이 끊이지 않는다. 스쿠터 여행 중 모토 캠핑을 꿈꾼다면 꼭 가봐야 할 곳.

✉ 서귀포시 성산읍 서성일로260 ☎ 064-760-3408 ₩ 야영비 1인 3,000원

04

제주
동북부

제주시 구좌읍, 조천읍과 제주 시내 일부분
이다. 제주 동북부는 서울의 2/3 정도의 면
적으로 수년 동안 제주 마니아들 사이의 숨
겨진 보석 같은 여행지였다. 최근에는 월정
리를 필두로 다채로운 물빛을 지닌 해수욕
장, 전통 돌집을 간직한 마을 풍경, 겹겹이
펼쳐진 오름군으로 인해 가장 제주다운 여
행지로 떠오르고 있다. 다양한 스쿠터 여행
코스가 나오는 지역이므로 짧은 기간에 동
북부를 보려면 선택을 잘해야 한다. 가능하
면 이틀 이상의 일정 잡기를 추천한다.

원데이 코스 

성산에서 김녕까지 바닷가를 따라 달리는 해안 도로는 평탄한 지형의 굽이길이다.
제주 제일의 스쿠터 드라이브 코스로 제주 해녀의 물질을 가장 많이 볼 수 있는
곳이기도 하다. 개성 있는 카페, 식당, 서점 등 핫 플레이스들이 밀집해 있다.
함덕 해수욕장을 지나 삼양 해수욕장까지 옛 제주 마을의 정취를 찾아 오래된 마을길을
달려 제주 시내로 들어와 관덕정에 도착하면 제주 스쿠터 여행 끝!

1 성산일출봉 → **2** 종달리 → **3** 세화 해변 → **4** 평대리 해변 →
5 월정리 해변 → **6** 김녕 → **7** → 함덕 해수욕장 → **8** 삼양 해수욕장 → **9** 관덕정

총 길이	60km
예상시간	주행 2시간 35분+관광 5시간
난이도	하중
주의사항	해안 도로의 아름다움에 취해 전방 주시를 게을리하지 말자.
	좁은 마을 내 오래된 길들은 구불구불 어지럽다. 마을길에서 과속은 금물.
	20km/h 이하의 속력으로 천천히 달리자. 삼양 해수욕장을 지나
	시내권으로 진입하면 차량 통행이 많은 시내 주행을 해야 한다.
	침착하게 주위 차량 흐름에 맞춰 운전하자.

동북부, 이곳만은 꼭 놓치지 말자!

종달리 - 김녕 해수욕장 해안 도로 아름다운 해수욕장들의 향연.
제주에서 가장 길고 아름다운 해안 도로 라이딩
함덕 해수욕장 서우봉 언덕 아래 에메랄드빛 바다에서 즐기는 시원한 물놀이
용눈이 오름&비자림 동쪽 오름의 대표와 천 년 세월을 간직한 숲
종달리&평대리&송당리 한가한 시골 마을 깊숙이 숨어 있는 보헤미안 감성의 작은 가게 탐험

5
4
3
2
1
김녕
1132
월정리 해변
평대리 해변
세화 해변
종달리
1132
1112
1136
1136
1119

1-2 종달리 —— 8㎞ 약 10분 —→ 세화 해변

내륙으로 지미 오름, 바다 너머 우도를 옆에 두고 달리는 해안 도로 라이딩. 종달리 수국길로도 불리는 이 코스는 6월이면 도로 양옆 빼곡히 피어난 수국들로 환상적인 라이딩 코스가 된다. 길이 좁으니 주차된 차들과 사람들을 주의하며 달리자. 약간의 경사길을 내려가 300m 길이의 다리를 건너면 바로 하도리 철새 도래지와 하도 해수욕장이다. 경사 없이 평탄한 해안 도로 따라 5㎞를 더 달리면 세화 해변으로 이어진다.

내비 목적지 세화 해변 **난이도** 하

2-3 세화 해변 —— 3㎞ 약 10분 —→ 평대리 해변

세화 읍내를 벗어나 해안 도로를 따라 직진. 세화 해변 앞을 지나는 해안 도로는 사진 촬영 인파로 항상 복잡하고, 벨롱장 또는 오일장이면 세화 포구 앞은 밀려드는 사람들로 혼잡하다. 안전에 더 신경 쓰며 달리자.

내비 목적지 평대리 해변 **난이도** 하

3-4 평대리 해변 —— 7㎞ 약 15분 —→ 월정리 해변

평대리 해변에서 해안도로를 따라 직진한다. 한적한 한동리, 행원리를 지나면 푸른 바다와 새하얀 모래사장이 아름다운 월정리 해변이다. 여행자들이 몰려드는 곳인 만큼 언제나 붐비는 사람들로 소란스럽다. 해안가를 따라 늘어선 카페와 식당에 들고나는 사람들과 해수욕장에서 물놀이하는 관광객들로 도로가 복잡하니 운행에 주의하자.

내비 목적지 월정리 해변 **난이도** 하

4-5 월정리 해변 ⟶ 5km 약 10분 ⟶ 김녕 해수욕장

해안 도로를 따라 직진한다. 아름다운 동부 해안 도로 중에서도 가장 환상적인 코스다. 검은 현무암과 하얀 해수욕장, 맑고 투명한 파란 바다가 어우러져 최고의 라이딩 경험을 선사한다.

내비 목적지 김녕 해수욕장 **난이도** 하

5-6 김녕 해수욕장 ⟶ 11km 약 30분 ⟶ 함덕 해수욕장

내비는 일주 도로를 따라가는 빠른 길로 안내한다. 김녕리 마을 안 깊숙이 들어가 김녕 금속 공예 벽화 마을을 둘러보는 것도 좋고, 경유지로 김녕항과 동복 환해장성을 선택해 김녕항에서 시작하는 동복리 해안 도로를 달려보는 것도 좋다. 일주 도로를 따라가면 동복리, 북촌리를 지나 함덕 해수욕장으로 이어진다.

내비 목적지 함덕 해수욕장 **난이도** 중

6-7 함덕 해수욕장 ⟶ 12km 약 40분 ⟶ 삼양 해수욕장

함덕 해수욕장에서 해안 도로를 따라 계속 직진. 문개항아리를 지나 2km 달리면 조천리 마을이다. 조천리 마을에서 내비는 이차선 구일주 도로를 따라 삼양 해수욕장으로 안내한다. 시간의 여유가 있다면 신촌 포구 쪽으로 방향을 돌려 조천리와 신촌리 마을 안길을 따라 삼양 해수욕장으로 옛 마을의 정취를 탐험하는 것도 좋겠다.

내비 목적지 삼양 해수욕장 **경유지** 문개항아리 **난이도** 중

7-8 삼양 해수욕장 ⟶ 7km 약 30분 ⟶ 관덕정

삼양 해수욕장을 나와 일주 도로로 접어들면 본격적인 시내 주행이다. 자동차 통행량이 많아지고 운행 속도도 빨라지니 안전 운전에 주의하자. 해안을 따라 마을 내 길로 이동하고 싶다면 경유지로 화북 포구와 사라봉 공원을 선택해서 달리자.

내비 목적지 관덕정 **난이도** 중

추가 코스 1  용눈이 오름 - 비자림 루트

하루 종일 바다만 바라보며 달리기는 지루할 수 있다. 동북부의 주요 해수욕장을 놓치지 않으면서 가장 대표적인 오름과 숲길까지 제주의 매력을 다양하면서도 가볍게 즐길 수 있는 코스.

1 종달리 → **2** 용눈이 오름 → **3** 송당리 → **4** 비자림 → **5** 평대리 해변 →

6 월정리 해변 → **7** 김녕 해수욕장 → **8** 함덕 해수욕장 → **9** 삼양 해수욕장 → **10** 관덕정

총 길이	74㎞
예상시간	주행 3시간 5분+관광 5시간
난이도	하중

1-2 종달리 —— 9km 약 15분 —→ 용눈이 오름

종달리 마을을 벗어나 일주 도로를 넘어 내륙으로 들어가면 밭과 임야가 펼쳐진다. 한가한 외길이라 어렵지 않다. 중산간 평야 지대에 가로놓인 용눈이 오름으로 달려가자.

내비 목적지 용눈이 오름 **난이도** 하

2-3 용눈이 오름 —— 5km 약 10분 —→ 송당리

용눈이 오름로를 따라가다 손지봉 삼거리에서 송당 방향으로 우회전 중산간동로를 달린다. 차량이 빠르게 달리는 편이니 주의하자.

내비 목적지 1300k 송당점(에코브리지 커피 제주송당) **난이도** 하

3-4 송당리 —— 5km 약 10분 —→ 비자림

내비의 안내를 따라 비자림로를 달리자. 송당리를 벗어나 비자림까지는 외길이다. 중간 지점 메이즈랜드에 잠시 들러 미로 탐험을 경험해보는 것도 좋겠다. 메이즈랜드를 지나 비자림 입구 삼거리에서 우회전하자.

내비 목적지 비자림 **난이도** 하

4-5 비자림 —— 6km 약 15분 —→ 평대리 해변

비자림을 나와 비자림로를 따라 해안가를 향해 달린다. 길은 외길이라 어렵지 않지만 차량의 속도가 빠른 편이니 안전에 주의하자. 일주도로를 건너 평대초등학교를 지나면 마을 안길로 이어진다. 마을 안길에선 속도를 낮춰 달리자.

내비 목적지 평대리 해변 **난이도** 하

해안보다는 내륙을 자세히 들여다볼 수 있는 코스. 비자림에서의 숲길 산책, 오름에 오르지 않고도 분화구를 내려다볼 수 있는 산굼부리, 데크 산책로를 따라 편하게 걸으며 즐길 수 있는 절물 자연 휴양림 등이 이어진다.

1 종달리 → **2** 하도 해수욕장 → **3** 세화 해변 → **4** 평대리 해변 →

5 비자림 → **6** 절물 자연 휴양림 → **7** 삼양 해수욕장 → **8** 관덕정

총 길이	64km
예상시간	주행 2시간 30분+관광 5시간
난이도	하중

4-5 평대리 해변 ———— 6㎞ 약 20분 ————→ 비자림

내비의 안내를 따라 비자림로를 달리자. 평대 마을 길을 지나 평대 초등학교 사거리를 지나면 당근밭과 무밭이 이어진다. 푸르른 후박나무와 벚나무가 가로수로 심어져 있는 구간을 지나 직진하면 어느새 비자림이다. 4월 벚꽃철이면 벚꽃잎이 눈송이처럼 날리는 아름다운 드라이브 코스가 된다.

내비 목적지 비자림 **난이도** 하

5-6 비자림 ———— 22㎞ 약 50분 ————→ 절물 자연 휴양림

비자림을 나와 비자림로를 달린다. 삼나무 숲길이 우거진 비자림로는 전국에서 손꼽히는 아름다운 길이다. 중산간의 주요 도로로 차량 통행이 빠른 편이니 운행에 주의하자. 비자림로를 따라 미로공원 메이즈랜드, 중산간 마을 송당리, 억새가 아름다운 산굼부리가 이어진다. 곧이어 명도암 입구 삼거리에서 우회전, 쭉 뻗은 명림로를 2㎞ 달리면 절물 자연 휴양림이다.

내비 목적지 절물 자연 휴양림 **경유지** 산굼부리 **난이도** 하

6-7 절물 자연 휴양림 ———— 11㎞ 약 25분 ————→ 삼양 해수욕장

중산간에서 해안 방향으로 완만한 내리막길을 달린다. 삼양동에 가까워지면 시내다. 길 자체는 어렵지 않지만 차량 통행이 많아지니 운행에 주의하자.

내비 목적지 삼양 해수욕장 **난이도** 중

추가 코스 3  거문 오름 루트

성산일출봉, 만장굴, 거문 오름으로 이어지는 세계 자연유산을 둘러보자.
이 가운데 거문 오름은 예약제로 이루어지는 만큼 정확한 계획이 필요하다.
제주의 다채로운 지형을 볼 수 있는 코스이다.

1 종달리 → **2** 세화 해변 → **3** 평대리 해변 → **4** 월정리 해변 → **5** 만장굴 →

6 거문 오름 → **7** 제주 돌 문화 공원 → **8** 함덕 해수욕장 → **9** 삼양 해수욕장 → **10** 관덕정

총 길이	88km
예상시간	주행 3시간 50분+관광 5시간
난이도	하중

4-5 월정리 해변 ——— 4km 약 15분 ——→ 만장굴

월정리를 벗어나 일주 도로로 올라가는 길은 약간의 경사가 있으니 조심하자. 일주 도로는 차량 통행이 많고, 운행 속도도 빠르니 조심하자. 만장굴 입구 삼거리에서 좌회전해 만장굴 길을 따라 2km 달리면 만장굴 입구에 도착한다.

내비 목적지 만장굴 **난이도** 중

5-6 만장굴 ——— 20km 약 50분 ——→ 거문 오름

덕천리에서 선흘리로 이어지는 동백로를 달린다. 차량 통행이 적은 한적한 중산간 숲길을 즐기자. 선흘리 카페 세바에 잠시 들러 중산간 마을의 진수를 만끽한 후 거문 오름 아래에 자리 잡은 제주 세계 자연유산 센터로 향한다.

내비 목적지 제주 세계 자연유산 센터 **경유지** 카페 세바 **난이도** 하

6-7 거문 오름 ——— 7km 약 20분 ——→ 제주 돌 문화 공원

산굼부리를 거쳐 제주 돌 문화 공원으로 향한다. 비자림로를 따라 2km 진행 후 교래 사거리에서 우회전해 남조로 1.5km. 차량 통행이 많으니 운행에 주의하자.

내비 목적지 제주 돌 문화 공원 **난이도** 하

7-8 제주 돌 문화 공원 ——— 13km 약 30분 ——→ 함덕 해수욕장

중산간에서 해안 지대를 향한 내리막길이 이어진다. 일주 도로를 건너 함덕 마을로 들어서면 마을 안 도로가 번잡하니 운행에 주의하자.

내비 목적지 함덕 해수욕장 **난이도** 중

종달리

✉ 제주시 구좌읍 종달리

우뚝 솟은 지미봉 아래 옹기종기 모인 지붕들에서 소곤소곤 따뜻한 이야기가 들려오는 듯한 종달리 마을은 두산봉, 식산봉, 일출봉, 우도봉이 에워싸고 있다. 종달리는 구석구석 개성 있는 상점들이 모여 있어 들여다보면 볼수록 헤어 나올 수 없는 마력을 가진 곳이다.

제주도 작은 책방의 원조 격인 소심한 책방, 커피가 아닌 수정과와 떡을 파는 병과점 미남미녀, 세상에 하나밖에 없는 반지를 살 수 있는 금속 공예 작업실 오브젝트 늘, 저녁 7시면 밥 먹기가 힘든 제주 시골 마을에 불을 밝힌 심야식당 종달리엔 등이 모두 이곳에 있다. 대부분의 상점들

이 예전 그대로의 외관을 지키고 있다.

종달리의 동남쪽 해안에는 광복 이전까지만 해도 소금을 생산하던 옛 소금밭과 간조 때 백사장이 드러나는 조개잡이 체험 어장도 있어 다양한 여행자들의 취향을 충족시켜 준다.

종달항과 종달 초등학교 사이에 다양한 카페와 식당, 상점이 포진해 있다. 스구터를 타고 마을 골목을 굽이굽이 이동해도 좋고, 한 곳에 세워놓고 느긋하게 걸으며 구경해도 좋다.

Tip 자유로운 영혼의 사장님들이 많은 만큼 가게문 열고 닫는 시간과 휴무일도 자유롭다. 인스타그램 등을 통해 오픈 여부를 확인하고 찾아가자

Cafe

① 병과점 미남미녀

재료 손질부터 섬세한 플레이팅, 내부 인테리어와 음악 선곡까지 미남미녀 부부의 정성이 닿지 않은 곳이 없는 디저트 가게. 한식 디저트를 젊은 감각으로 재해석했다. 최고 인기 메뉴는 팥티라미수.

✉ 제주시 구좌읍 종달로1길 102 **OPEN** 12:00~18:00(수 휴무, 비정기 휴무) ₩ 팥티라미수 6,000원, 카스테라인절미 6,000원, 식혜·수정과 5,000원 ◉ @pparknroll

② 카페 동네

종달리의 터줏대감 격 카페. 올레길에서 만나 결혼까지 하게 된 사장님 부부가 이색적인 당근빙수를 직접 개발했다. 아기자기한 종달리 마을이 한눈에 내려다보인다.

✉ 제주시 구좌읍 종달로5길 23 ☎ 070-8900-6621 **OPEN** 10:00~18:00(화 휴무) ₩ 당근빙수 12,000원, 토마토치즈파니니 7,000원

③ 카페 록록

하도 바다가 액자처럼 펼쳐지는 건물에 자리한다. 1층에서는 커피와 음료를, 2층에서는 에그타르트를 판매한다. 큼직한 크기에 파사삭 부서지는 에그타르트 파이지의 식감이 좋다. 수작업으로 만든 스테인드글라스로 곳곳이 장식되어 있다.

✉ 제주시 구좌읍 하도서문길 41 **OPEN** 10:00~19:00(화 휴무) ₩ 아메리카노 5,000원, 베란다커피 6,500원, 에그타르트 3,800원 ◉ @cafeloklok

Restaurant

④ 심야식당 종달리엔

매일 메뉴가 바뀌는 시골 마을의 심야식당. 혼밥, 혼술을 지향해 3인이상 단체는 입장 금지. 저녁에만 여는 심야식당이라 일정이 맞지 않는다면 낮에도 여는 '종달리엔 엄마식당'으로 가자. 일본 가정식 메뉴를 맛볼 수 있다.

✉ 제주시 구좌읍 종달로5길 34 OPEN 인스타그램 공지 ₩ 가라아게 13,000원, 하이볼 7,000원 ☎ 070-8849-1833 ◎ @jongdalri_en

⑤ 해월정

쫄깃쫄깃한 보말과 면발, 감칠맛 넘치는 국물의 보말칼국수를 먹고 나면 볶아주는 고소한 죽볶음이 화룡점정. 여름에는 야외 테이블에 앉아 성산일출봉을 바라보며 먹을 수 있다.

✉ 제주시 구좌읍 해맞이해안로 2340 ☎ 064-782-564 OPEN 08:30~21:00 ₩ 보말칼국수 10,000원, 죽볶음 3,000원, 보말죽 15,000원

⑥ 하도리1091

농가 주택을 개조하여 제주 감성 가득한 공간에서 감바스 알아히요 등 새우 요리를 즐길 수 있는 곳.

✉ 제주시 구좌읍 하도13길 6 OPEN 12:00~17:00(휴무일 인스타그램 공지) ₩ 갈릭 새우 플레이트(감바스 알아히요+빵+당근 샐러드+감자튀김+감자수프) 17,000원, 새우 떡볶이 8,000원 ◎ @gabriel052

Shopping

⑦ 알로하도

일몰이 멋진 바닷가 화덕피자&파스타 맛집. 세련된 인테리어와 바다 전망에 식사 시간이 더욱 즐겁다.

✉ 제주시 구좌읍 하도서문길 39 OPEN 11:30~21:00(마지막 주문 20:00, 수 휴무) ₩ 마르게리타 피사 15,000원, 루꼴라 피자 18,000원, 새우크림파스타 15,000원 ◎ @alohado_jeju

⑧ 소심한 책방

소설, 에세이, 인문, 여행, 독립 출판물, 제주 특산품 등 두 주인장의 편애로 채워진 제주 감성 책방.

✉ 제주시 구좌읍 종달동길 29-6 ☎ 070-8147-0848 OPEN 10:00~18:00(브레이크 타임 12:00~13:00) ⊕ sosimbook.com

⑨ 여행가게

여행 테마 카페. 작고 소박한 가게가 세계 각국의 차와 찻잔, 여행책, 기념품 등으로 가득하다. 반려견 사랑이가 반겨준다.

✉ 제주시 구좌읍 종달로7길 23 OPEN 평일 화~금 12:00~18:00, 토일 16:00~22:00 ₩ 중고도서 1,000~8,000원, 홍차 6,000원 ◎ @blackpage872

Entertainment

⑩ 지미 오름

산책로로 오르는 동안 약간 힘들 수도 있지만 성산일출봉과 아기자기한 종달리 마을이 한눈에 펼쳐진다.

✉ 제주시 구좌읍 종달리 산 3-1

⑪ 종달리 수국길&고망난돌 쉼터

고망난돌 쉼터 주변 해안 도로를 따라 6월이면 수국이 끝없이 이어진다. 차도 옆으로 갓길이 없어 수국 철이면 주차된 차와 사람들로 혼잡하니 주의하자. 커다란 현무암 바위에 커다란 구멍이 뻥 뚫려 있어 신기한 고망난돌은 고망난돌 쉼터에 없고, 동쪽으로 500m 정도 떨어진 '고망난돌 불턱' 근처에 있으니 한 번 찾아보는 것도 재미있다. 고망난돌 쉼터의 벤치에 앉아 바닷바람을 맞으며 땀을 식히고 가도 좋겠다.

✉ 제주시 구좌읍 종달리 112-4

Guest House

⑫ 수상한 소금밭

소금밭이었던 곳에 '수상한 소금밭' 게스트하우스를 지었다. 도미토리부터 싱글룸, 다락방, 카라반까지 다양한 형태의 객실이 있다. 조식 포함.

✉ 제주시 구좌읍 종달동길 36-10 ☎ 010-8933-0848 ₩ 도미토리 25,000원~, 2인실 55,000원~ 🌐 www.mysterysalt.com

⑬ 뚜르 드 제주

자전거를 테마로 한 게스트하우스. 조식 포함. 자전거 대여 가능(유료).

✉ 제주시 구좌읍 종달로1길 38-2 ☎ 010-5007-5012 ₩ 도미토리 25,000원~, 1인실 30,000~, 2인실 50,000원~ 🌐 www.tourdejeju.co.kr

⑭ 하도리 오길 잘했어

1~2인실로 이뤄진 여성 전용 빈티지 스타일의 돌집 숙소. 빈티지 상점도 함께 운영하고 있다.

✉ 제주시 구좌읍 문주란로 22-10 ☎ 010-4786-4243 ₩ 평일 2인실 80,000원~, 1인실 70,000원~ 🌐 thankshadori.modoo.at

제주에서 가장 맑고 깨끗한

세화 해변

제주시 구좌읍 해맞이해안로 1477

세화 해변은 해초 없는 맑고 깨끗한 바다로 유명하다. 고운 모래를 가진 백사장이 간조 때만 드러나는 덕에 오랫동안 해수욕장으로서는 빛을 발하지 못하였으나 투명한 바다와 하늘을 배경으로 놓인 의자에 마주 앉아 사진을 찍을 수 있는 한 카페의 포토존이 유명세를 치르면서 찾는 이들이 많아졌다.

잠시 스쿠터를 멈추고 포토존에서 쪽빛 바다를 배경으로 사진을 찍어도 좋고, 드넓은 모래사장으로 들어가 물놀이를 즐겨도 좋겠다.

반짝이는 바다를 배경으로 열리는 제주 최대의 플리마켓 벨롱장도 세화 해변의 유명세에 한몫한다. 5일에 한 번씩 열리는 세화 오일장도 유명하다. 날짜만 맞는다면 시끌벅적한 작은 읍내 장터 구경을 나서보자. 소박한 즐거움을 느낄 수 있을 것이다. 해안 도로를 달리면 세화 오일장과 벨롱장이 열리는 세화 포구를 모두 지난다. 해안 도로를 인접한 구좌 읍내에는 각종 식당, 카페, 마트 및 편의 시설이 갖추어져 있다.

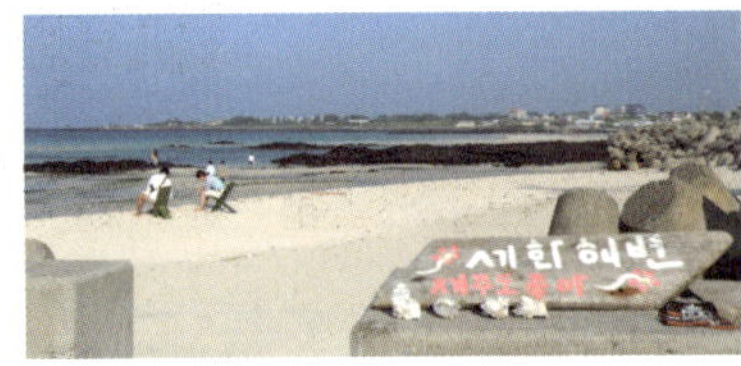

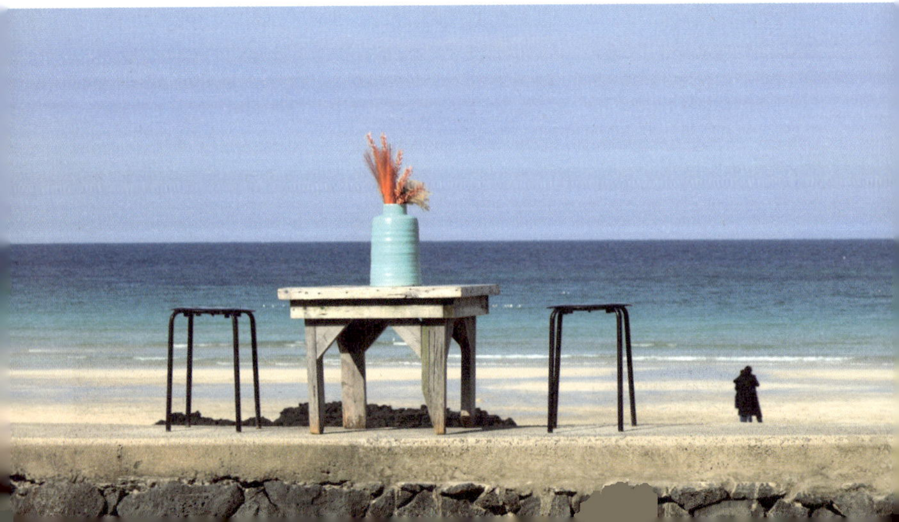

Cafe

① 미엘드세화

세화 해변에 위치한 단정하고 다정한 카페. 책이 많고, 케이크가 맛있는 집. 달콤한 크림이 올라간 미엘커피가 시그니처 메뉴다. 한쪽에 제주 기념품을 판매한다.

✉ 제주시 구좌읍 해맞이해안로 1464 OPEN 11:00~18:00(수 휴무, 임시 휴무일 인스타그램 공지) ₩ 미엘커피 5,500원, 당근케이크 5,000원, 생크림케이크 6,000원 ◎ @miel_de_sehwa

② 카페 공작소

세화리 공식 포토존. 카페 앞 작은 의자에 마주 앉아 에메랄드빛 세화 바다를 배경으로 사진을 찍어보자. 바로 옆 건물에 '세화씨 문방구'라는 기념품 숍도 함께 운영한다.

✉ 제주시 구좌읍 해맞이해안로 1446 ☎ 070-4548-0752 OPEN 08:00~21:00 ₩ 커피류 4,000원~, 수제차 5,000원, 당근케이크 5,000원

③ 카페 한라산

세화 바다 앞 해안도로가에 위치한 빈티지감성 가득한 카페. 아기자기하면서도 센스있게 배치된 각종 소품들이 에메랄드빛 세화 바다를 배경으로 더욱 빛난다.

✉ 제주시 구좌읍 면수1길 48 ☎ 064-783-1522 OPEN 10:00~20:00 ₩ 아메리카노 4,500원, 제주당근케이크 6,500원, 한라산칵테일 9,000원 ◎ @cafe_hallasan

Restaurant

④ 재연식당

고등어구이, 제육볶음, 미역국, 다양한 밑반찬이 나오는 가정식 백반. 가격까지 저렴하다. 1인분도 주문 가능한 갈치구이와 옥돔구이도 인기!

✉ 제주시 구좌읍 세화리 3644-8 ☎ 064-783-5481 OPEN 10:00~19:00 (일 휴무) ₩ 엄마정식 7,000원, 갈치정식 13,000원, 김치찌개 8,000원

⑤ 세화국수동네

소면을 사용한 비빔국수와 멸치국수를 파는 깔끔하고 저렴한 숨은 맛집.

✉ 제주시 구좌읍 구좌로 31 ☎ 064-782-6510 OPEN 06:00~20:00 ₩ 고기국수 5,000원, 멸치국수 4,000원, 가오리회국수 7,000원

⑥ 달잠키친

셰프의 깐깐한 고집으로 질 좋은 재료와 천연 조미료만 사용한다. 감칠맛 나는 간장 양념이 배어든 돼지고기에 아삭한 숙주나물이 어우러진 흑돼지덮밥, 질기지 않고 매콤한 돌문어덮밥, 달콤한 한라봉피자까지

세화 바다를 보며 즐길 수 있다.

✉ 제주시 구좌읍 세화7길 23-5 ☎ 070-7718-1203 OPEN 12:00~19:00(일 휴무) ₩ 흑돼지덮밥 15,000원, 돌문어덮밥 15,000원, 한라봉피자 13,000원, 에이드 6,000원

⑦ 소라횟집

합리적인 가격에 우럭매운탕을 맛볼 수 있는 오래된 현지인 맛집. 1인분씩 나와 1인 여행객들에게도 좋다.

✉ 제주시 구좌읍 해맞이해안로 1426 ☎ 064-784-3545 OPEN 11:00~22:00 ₩ 활우럭매운탕 10,000원, 광어회 80,000원

Shopping

⑧ 벨동장

제주 최대의 플리마켓. 세화 해변을 배경으로 이주 예술가들의 독특한 수공예품부터 지역 특산품을 판매한다. 최근 구좌읍을 중심으로 장소를 옮겨가며 개최되는 등 다양한 시도 중이다. 개최 여부와 장소 등을 공식 SNS에 공지하니 방문 전에 필히 확인하자.

✉ 제주시 구좌읍 세화리 1500-63 OPEN 매주 토요일 11:00~13:00(5, 10일 세화 오일장날 휴무) 🌐 bellongjang.blog.me ◙ @bellongjang

⑨ 세화 오일장

매월 5, 0으로 끝나는 날에 서는 향토장. 제주 동부 최대 규모의 재래시장이자 전국에서 유일하게 바다를 접하고 있는 시장이기도 하다. 감귤류와 옥돔 등 제주 특산품을 택배로 부칠 수도 있고, 식사를 해결하기도 좋다. 시장 앞 방파제에 앉아 세화 바다를 감상하며 튀김이나 호떡 등을 먹을 수도 있다. 아침 8시쯤 장이 서고, 오후 2~3시 정도면 파장이니 참고하자.

✉ 제주시 구좌읍 해맞이해안로 1412

⑩ 여름문구사

책가방 던져놓고 시간 가는 줄 몰랐던 어릴 적 추억을 소환하는 곳. 작고 아기자기한 소품을 판다.

✉ 제주시 구좌읍 구좌로 77 ☎ 010-2600-9447 OPEN 10:00~18:00(일 휴무) ◙ @summer_mungusa

⑪ 나나이로+아코제주

제주 기념품의 스테디셀러 현무암 초를 만드는 나나이로와 도자기 굽는 아코 제주가 운영하는 숍.

✉ 제주시 구좌읍 구좌로 75-1 📞 010-5097-2177 [OPEN] 10:00~18:00 ⓞ @akojeju_nanairo

Entertainment

⑫ 해녀 박물관

해녀의 삶을 들여다볼 수 있다. 지루하지 않은 알찬 구성과 전망대의 시원한 뷰까지 시간이 전혀 아깝지 않다.

✉ 제주시 구좌읍 해녀박물관길 26 📞 064-782-9898 [OPEN] 09:00~18:00(첫째, 셋째 주 월 휴무) ₩ 입장료 1,100원

Guest House

⑬ 이디하우스

걸어서 1분 거리에 세화 해변과 맛집들이 포진해 있다. 오름 투어, 별빛 투어 진행. 주먹밥, 덮밥, 샌드위치 등 매일 다른 메뉴로 제공되는 조식이 포함된다.

✉ 제주시 구좌읍 해녀박물관길 33-2 📞 010-3762-7982 ₩ 도미토리 30,000원, 싱글룸 50,000원, 트윈룸 80,000원, 독채 100,000원 🌐 blog.naver.com/iidyhouse

⑭ 여래 게스트하우스

걸어서 3분이면 세화 해변에 도착하지만 여래 오름의 야트막한 언덕에 폭 안겨 전혀 다른 세상인 것 같다. 외양간이라 불리는 작은 돌집은 게스트들이 다과와 함께 담소를 나눌 수 있는 공간으로 활용된다. 조식(누룽지) 포함.

✉ 제주시 구좌읍 세화7길 31-2 📞 010-2778-4449 ₩ 1인 45,000원, 2인 60,000~75,000원 🌐 blog.naver.com/daulyeorae

⑮ 와락 게스트하우스

세화 읍내에 위치하여 마트 등 편의 시설이 가깝고, 숙소에서는 벨롱장이 열리는 세화항이 내다보인다. 다락방을 가득 매운 책과 오락기, 보드게임 등 놀거리가 많다. 별빛 투어 진행. 조식 포함.

✉ 제주시 구좌읍 세평항로 45-4 📞 010-6347-9777 ₩ 도미토리 25,000원, 1인실 50,000원~, 2인실 60,000원~ 🌐 blog.naver.com/mjdolsoi, warak.modoo.at

⑯ 두베하우스

친절하고 유머 넘치는 사장님, 고급 호텔 같은 침실, 브런치 카페보다 더 예쁘고 맛있는 조식까지 완벽! '삼춘 책방' 운영도 겸하고 있다.

✉ 제주시 구좌읍 상도리 444 📞 010-3591-6896 ₩ 2인실 120,000원(1인 이용 시 110,000원) 🌐 blog.naver.com/zzibi69

수요미식회가 사랑한 마을
평대리 해변

일 년에도 몇 번씩 제주를 찾는 골수팬들에게 특히 사랑받는 곳이 평대리와 한동리 일대이다. 전통 돌집이 옹기종기 모여 있는 데다 초록 양탄자같이 단정하게 정리된 금잔디가 집집마다 깔려 있는 동네를 걷다 보면 누구라도 그 평화로운 풍경에 빠져들 수밖에 없다.

산책의 끝에 나타나는 아담한 평대리 해변은 고즈넉한 정취를 간직한 바다다. 작지만 아름답고, 화장실, 파라솔, 샤워 시설(여름 한정), 편의점 등 있을 건 다 있다. 아는 이들만 찾던 조용한 동네가 들썩거리게 된 것은 명진전복, 평대스낵, 아일랜드 조르바, 현재는 송당리로 이전한 풍림다방 등 수요미식회에 네 번이나 소개된 탓이 크다.

이렇게나 예쁜 바닷가에 위치해 있으니 커피나 음식이 더더욱 맛있게 느껴지는 건 당연한 일. 본연의 아름다움을 해치고 싶지 않다는 무언의 약속이나 한 것처럼 내부만 손 본 돌집 리모델링 건물이 많다는 것도 이 마을이 사랑받는 이유 중 하나이다.

평대리와 한동리에서는 스쿠터를 타고 마을 구석구석을 돌아보자. 길은 넓고 평탄해 스쿠터 초보자라도 마을 돌담길을 요리조리 살펴보기에 부담스럽지 않다. 돌담과 올레길 사이사이 숨어 있는 작은 가게들을 찾아보자.

Cafe

① 아일랜드 조르바

동화 같은 돌집에서 시크한 여사장님이 100년 넘은 커피 그라인더로 간 원두로 내려주는 드립커피가 참 맛있다. 제주의 맛 댕유지에이드는 달콤쌉싸름하다. 턴테이블에서 흘러나오는 음악을 듣고 있으면 마음이 편안해진다. 금잔디 곱게 깔린 마당에서는 평대 바다가 내다보이고, 고요한 공기가 감돈다.

✉ 제주시 구좌읍 대수길 9 ☎ 010-4787-2901 OPEN 10:30~18:00(화·수 휴무) ₩ 핸드드립커피 5,000원, 댕유지에이드 5,500원

② 요요무문

해녀 탈의장 2층을 아기자기하게 리모델링한 조용한 카페로 커다란 통창 가득 바다 뷰를 즐길 수 있다. 서가에는 주인장의 취향이 담긴 책들이 빼곡하다. 구좌읍의 명물 당근주스와 당근케이크가 인기 메뉴!

✉ 제주시 구좌읍 해맞이해안로 1102 ☎ 064-784-4217 OPEN 10:00~18:00 ₩ 아메리카노 4,500원, 오키나와흑당라떼 6,500원, 베리베리에이드 7,000원, 토끼세트(당근주스+당근케이크) 13,000원

③ Jeju in aA

홍대 디자인 뮤지엄 aA의 제주 지점답게 내부에는 고급스러운 빈티지 컬렉션이 포진하고 있다. 카페를 가득 채운 식물들이 싱그러움을 더해주고, 전면창을 통해 시원하게 바다가 내다보인다. 외부에 마련된 빈백 소파에 누워 바다 뷰를 즐기는 사람도 많다.

✉ 제주시 구좌읍 계룡길 26-20 ☎ 064-783-0223 OPEN 10:00~20:30 ₩ 아메리카노 5,000원, 쇼콜라볼케이노 7,000원, 한라봉에이드 8,000원

Restaurant

❹ 화수목

바닷가 구옥을 리모델링한 카페. 모든 음료는 커피와 물, 우유로만 만들어진다. 이시돌 목장의 우유로 만든 이시돌플랫화이트와 소프트 아이스크림이 시그니처 메뉴.

✉ 제주시 구좌읍 해맞이해안로 1028 ☎ 064-2214-8795 OPEN 10:00~21:00(화 휴무) ₩ 아메리카노 5,000원, 이시돌플랫화이트 5,000원, 소프트 아이스크림 5,000원

❺ 바보 카페

바닷가의 돌집 세 채를 모두 연결하여 어디서든 바다가 보이도록 벽을 뚫었다. 타프 아래 흔들의자에 앉아 바라보는 바다가 그림 같다.

✉ 제주시 구좌읍 해맞이해안로 1018 ☎ 064-783-4847 OPEN 10:00~19:00 ₩ 아메리카노 4,000원, 당근주스 7,000원, 한라봉에이드 7,000원

❻ 평대성게국수

해녀가 직접 물질해 잡아온 성게로 만든 성게국수 맛집. 해물맛이 강해서 비린 음식을 잘 못 먹는다면 실망할 수도 있다. 그러나 바다향을 좋아한다면 만족할 듯.

✉ 제주시 구좌읍 해맞이해안로 1172 ☎ 064-783-2466 OPEN 10:00~19:00(수 휴무) ₩ 성게국수 8,000원, 소라비빔국수 8,000원, 해물부침개 8,000원

❼ 명진전복

전복 내장과 호박, 당근, 고구마 등이 듬뿍 들어간 돌솥밥 위에 슬라이스한 전복이 펼쳐져 있다. 고등어구이가 기본 반찬으로 나온다. 메뉴를 결정해 연락처와 함께 남겨놓으면 대기 시간을 알려주고 자리가 나면 전화를 주는 방문 예약 시스템.

✉ 제주시 구좌읍 해맞이해안로 1282 ☎ 064-782-9944 OPEN 09:30~18:30(화 휴무) ₩ 전복돌솥밥 15,000원, 전복구이 30,000원, 전복죽 12,000원

❽ 평대스낵

옥상에서 평대 바다를 바라보며 먹는 매운 떡볶이와 바삭한 튀김, 생맥주 콜라보. 열 명 남짓 들어가는 비좁은 실내도 정겹다. 재료 소진 등으로 조기 마감하는 날이 많으니 오픈 정보는 꼭 사전에 확인할 것.

✉ 제주시 구좌읍 대수길 7 OPEN 11:30~17:00(화·수 휴무) ₩ 떡볶이 4,000원, 한지튀김 12,000원, 생맥주 4,000원 ⒪ @jjangnyang

❾ 쉬림프박스

제주도에서 즐기는 하와이안 스타일 새우 요리. 푸드 트럭으로 시작해 평대리 해안가에 점포를 오픈했다.

✉ 제주시 구좌읍 평대리 2033-7 ☎ 010-4824-0710 OPEN 11:00~18:00(월·화 휴무, 브레이크 타임 14:00~15:00) ₩ 레몬갈릭새우버터구이, 핫스파이시새우버터구이 9,000원, 수제 추로스 3,000원 ⒪ @shrimp_box_jeju

⑩ 톰톰카레

바닷가 작은 돌창고를 개조한 카레 맛집. 생크림이 들어가 부드러운 콩카레와 구좌 지역의 야채로 만든 순한맛의 야채카레, 시금치카레 등이 있다. 이효리의 단골집으로도 유명.

✉ 제주시 구좌읍 해맞이해안로 1112 📞 070-7799-1535 OPEN 11:00~14:30, 17:00~19:30(월 휴무) ₩ 야채카레 9,000원, 콩카레 9,000원, 반반카레 10,000원 ⓞ @tomtom_jeju

⑪ 대수길다방

제주 바다를 담은 젤캔들인 바당캔들과 스노우볼을 만들고 판매한다. 평대 해변을 바라보며 커피를 마시기에도 좋다.

✉ 제주시 구좌읍 해맞이해안로 1202 📞 010-7469-7313 OPEN 11:00~18:00 ₩ 제주바당캔들 10,000원~, 커피 5,000원

⑫ 늘작

게스트하우스로 향하는 길, 초록색 양탄자 깔린 듯 곱게 자란 금잔디 올레가 인상적인 곳. 안채에는 2인실 온돌방이 네 개 마련되어 있고, 별채는 독채로 이용할 수 있다. 조식 공간으로 쓰이는 카페에서는 바다 뷰가 펼쳐진다. 조식(콩나물밥) 포함.

✉ 제주시 구좌읍 계룡길 26-9 📞 010-4829-1453 ₩ 2인실 60,000원 🌐 www.hampdnedolzip.com

⑬ 게으른 소나기 게스트하우스

서까래와 기둥, 외부의 툇마루까지 옛 모습 그대로 살려 100년 된 돌집의 정취를 제대로 느낄 수 있다. 게스트들이 신을 수 있도록 준비된 고무신을 신고 툇나무에 앉아 느리게 흘러가는 하루를 즐겨보자.

✉ 제주시 구좌읍 계룡길 45-6 📞 070-8823-2456 ₩ 도미토리 30,000원~, 2인실 60,000원~ 🌐 cafe.naver.com/jejusonagi

⑭ 책닦는남자 북스테이

거실 한쪽 벽 가득 만화책과 소설, 에세이, 여행책 그리고 피규어로 채워져 있다. 각 방에 욕실이 있어 편리하며, 친절한 사장님 부부 덕분에 더욱 아늑한 곳.

✉ 제주시 구좌읍 한동북1길 34-6 📞 010-3303-8403 ₩ 도미토리 25,000원, 2인실 70,000원(1인 이용 시 50,000원) 🌐 blog.naver.com/74zzg

⑮ 유월 그리고 열두마루

바닷가와는 조금 떨어져 있지만 친절 끝판왕 사장님 부부와 맛집 못지않은 조식 때문에 손님이 끊이지 않는 곳이다. 농가 주택을 리모델링한 곳으로 깔끔하다. 샌드위치나 치킨 포트파이가 조식으로 준비된다.

✉ 제주시 구좌읍 한동로길 38 📞 010-9864-1160 ₩ 더블룸 70,000원, 트윈룸 80,000원, 별채(독채) 200,000원 🌐 www.june12maru.com

달이 머무는
월정리 해변

✉ 제주시 구좌읍 월정7길 52

달이 머문다는 이름의 뜻처럼 초승달 모양의 월정리 해변은 환상적인 쪽빛 바다를 품고 있다.

드넓은 하얀 백사장과 끝없이 펼쳐진 바다, 풍력 발전기, 카페들은 여유롭고 이국적이다. 해수욕장 이곳저곳에 늘어선 의자에 앉아 저 멀리 바다를 바라보며 잠시 사색에 잠겨 보자.

동부 제주에서 가장 뜨거운 지역인 만큼 수없이 늘어선 카페와 식당, 마을 깊숙이 곳곳에 자리 잡은 개성만점 공간들을

탐험하는 재미가 있다. 바람이 머무는 풍차 마을 행원리까지 한 동네로 인식하여도 큰 무리는 없다.

행원리를 지나 해안 도로를 따라 달리면 어느새 관광객들 북적이는 월정리 해변을 만난다. 길은 평탄하고 차량의 흐름도 빠르지 않아 운전에 어려움은 없다. 월정리 해변에서 마을 안쪽으로는 약간 경사가 있다. 좁은 골목길로 오르막을 오를 때 오가는 차량에 주의하자.

Cafe

❶ 우드스탁

지금의 월정리를 만들었다고 해도 무방한 '아일랜드 조르바'가 여러 이름을 거쳐 우드스탁으로 바뀌었다. 벽을 뚫어 액자 프레임처럼 만든 포토존은 변함없다. LP판이 빼곡한 2층 바는 저녁에만 운영된다.

✉ 제주시 구좌읍 월정7길 52 ☎ 064-782-6948 **OPEN** 09:00~24:00 ₩ 아메리카노 4,500원, 블루레몬에이드 8,000원, 빙수오름 17,000원

❷ 바미아일랜드

카페 건물 전체가 월정리 바다 뷰를 담고 있다. 미니멀한 인테리어의 실내에는 바다를 향해 계단식으로 좌석이 마련되어 있다.

✉ 제주시 구좌읍 해맞이해안로 474-1 ☎ 010-4141-0579 **OPEN** 09:30~22:00 ₩ 아메리카노 4,500원, 에이드 6,000원, 허브티 5,000원

❸ 책다방

북적이는 월정리 해변 바로 뒤 북카페. 호기심 많은 고양이 '다방'이와 '가방'이가 반겨준다. 책다방 티켓 한 장이면 동화책부터 철학책까지 다양하게 채워진 서가를 무제한으로 즐길 수 있다.

✉ 제주시 구좌읍 월정1길 70-1 ☎ 010-2422-0818 **OPEN** 11:00~19:00(월 휴무) ₩ 책다방 티켓(음료+무제한 책 탐험) 6,000원, 당근케이크 6,000원

Restaurant

❹ 구좌상회

붐비는 해변 뒤편 조용하게 자리 잡은 카페로 꾸덕하고 달달한 당근케이크 맛집으로 유명하다. 예쁘게 꾸민 돌집과 온실, 야외정원까지 여자라면 누구나 반할 예쁜 공간을 가진 구좌상회.

✉ 제주시 구좌읍 월정1길 55 ☎ 010-6600-6648 OPEN 10:30~18:30(화·수 휴무) ₩ 당근케이크 6,000원, 홍차 5,000원, 허브티 4,500원, 한라봉차 5,000원

❺ 수카사

조용한 행원리 마을 안 브런치 카페. 신선한 재료로 만들어내는 에그베네딕트가 시그니처 메뉴다. 실내는 과하지 않게 꾸며져 있어 어디서든 사진이 잘 나오고, 친절하고 예쁜 사장님 덕에 기분 좋은 식사를 할 수 있다.

✉ 제주시 구좌읍 행원로9길 11 ☎ 064-782-0264 OPEN 10:30~17:00(화 휴무) ₩ 아보카도에그베네딕트 16,500원, 연어에그베네딕트 16,000원, 아메리카노 5,000원, 로즈소다 7,000원

❻ 곱들락

고기를 굽기 전 저울에 올려 정량임을 확인시켜주는 정직한 고깃집. 오코노미야키식으로 볶아주는 볶음밥도 별미. 점심 특선으로 준비된 돔베고기 반상은 1인분도 주문 가능하다.

✉ 제주시 구좌읍 월정3길 53-7 ☎ 064-783-0992 OPEN 11:30~22:00(화 휴무) ₩ 흑돼지오겹살 18,000원, 흑돼지목살 18,000원, 점심 특선 곱들락정식 7,000원

❼ 월정리 갈비밥

흔히 먹을 수 있는 돼지갈비를 조금 더 우아하게 플레이팅했다. 뜨거운 철판 위에 구워져 나오는 달달한 갈비를 한입 크기로 잘라 초밥 위에 얹어먹거나, 덮밥으로 즐길 수 있다. 후식으로 나오는 물냉면이 신의 한 수.

✉ 제주시 구좌읍 월정7길 46 ☎ 064-782-0430 OPEN 11:00~20:00(브레이크 타임 15:00~17:00) ₩ 갈비초밥 16,900원, 갈비따로덮밥 15,900원, 흑돼지불덮밥 15,900원 📷 @jeju_theb

❽ 청춘제면소

일본 전통 덮밥, 우동 전문점. 족타식으로 면을 직접 만들어 우동면의 쫄깃함이 살아 있다.

✉ 제주시 구좌읍 월정7길 28-15 ☎ 064-784-8024 OPEN 10:00~20:00 ₩ 붓카케우동 8,000원, 자루우동 8,000원, 사예동 12,000원 📷 @jeju_udon

⑨ 월정투명카약

투명한 바다 위를 둥둥 떠다니며 신선놀음. 바람이 심한 날 노동이 될 수 있으니 주의!

✉ 제주시 구좌읍 월정리 1400-4 ☎ 064-743-0051 **OPEN** 09:00~일몰 30분전까지 ₩ 1인 10,000원, 2인 20,000원(체험 시간 20분)

⑩ 그꽃

구좌상회 입구에 자리한 감성 넘치는 꽃집. 프리저브드 플라워 다발을 센스 넘치는 색감의 조합으로 만들어낸다. 인스타그램 계정은 낭만적인 제주사진으로 수많은 팬들을 거느리고 있다.

✉ 제주시 구좌읍 월정리 417 ☎ 010-9115-7405 **OPEN** 11:00~17:00(화·수 휴무) ◎ @iam_hyun

Guest House

⑪ 달에 물들다

월정리 해변 뒤편 주택가에 위치한 아늑하고 깨끗한 여행자 숙소. 심리치유 프로그램의 일종인 '수지에니어그램'은 신청을 통해 유로로 진행된다. 조식 포함(집밥).

✉ 제주시 구좌읍 월정1길 79-13 ☎ 010-5699-0953 ₩ 도미토리 25,000원, 1인실 40,000원, 2인실 55,000원 ⊕ www.dalmul.com

⑫ 이왁

심플하면서 감각적인 공간이다. 파티가 없는 조용한 게스트하우스. 조식(샌드위치) 포함.

✉ 제주시 구좌읍 월정중길 19-13 ☎ 010-5286-6703 ₩ 도미토리 25,000원, 2인실 70,000원, 독채 150,000원 ⊕ ewak.kr

⑬ 소낭 게스트하우스

2009년에 오픈한 제주도 최장수 게스트하우스 중 한 곳이다. 새벽 오름 투어와 흑돼지 바비큐 파티 진행. 2호점을 오픈해 쾌적한 이용이 가능.

✉ 제주시 구좌읍 월정1길 1 ☎ 010-6665-7149 ₩ 도미토리 1호점 25,000원, 2호점 30,000원, 2인실 80,000원, 3인실 100,000원 ⊕ cafe.naver.com/jejusonang

눈부시게 아름다운 바다

김녕 해수욕장

제주시 구좌읍 김녕리

동쪽의 해수욕장 중 가장 예쁜 바다색이라고 평가받는 김녕 해수욕장은 눈부시게 하얗고 완만한 경사의 모래사장으로 물놀이하기에 최적의 해수욕장이다.

방파제를 중심으로 동쪽에 위치한 메인 해수욕장은 잘 정비된 샤워 시설, 화장실, 야영장까지 해수욕장이 가져야 할 최적의 조건을 가지고 있다. 방파제 서쪽 김녕리 마을 앞의 해변은 아담한 규모에 검은 현무암이 어우러져 스노클링을 하기 좋고 프라이빗 비치처럼 즐길 수 있다.

한적하고 평화로운 분위기라 관광지의 번잡스러움을 좋아하지 않는 여행자라면 이곳으로 가자. 식당, 카페 등 상업 시설은 방파제 서쪽 마을에 모여 있다. 김녕 해수욕장 옆 방파제를 따라 이어지는 해안 도로를 타고 마을 속으로 달려보자. 해변을 벗어나 김녕리 마을로 살짝 들어가 골목 구석구석 숨어 있는 금속 벽화 작품을 찾아보는 재미도 쏠쏠하다.

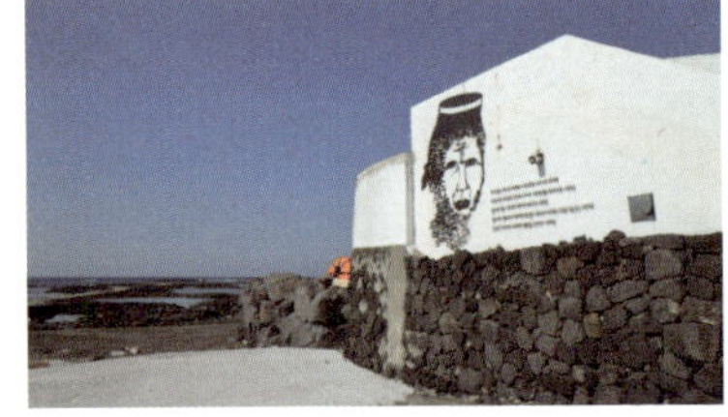

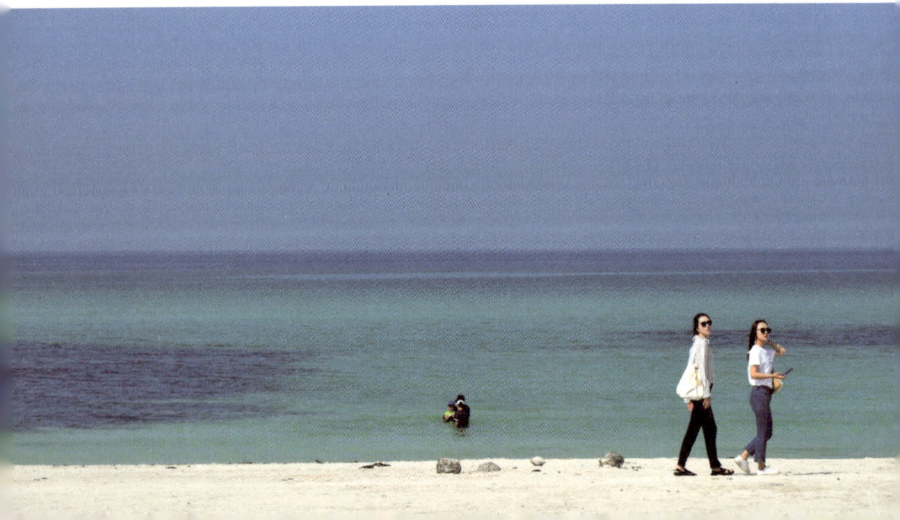

Cafe

① 쪼끌락

김녕 해수욕장에 접한 아주 작은 카페. 김녕 바다를 잔에 그대로 옮긴 듯한 김녕라테가 유명하다.

✉ 제주시 구좌읍 김녕로21길 21 📞 010-3689-3436 OPEN 11:00~20:00 ₩ 김녕라테 5,000원, 김녕노을라테 6,000원

② 바람벽에 흰당나귀

폐가 같은 건물 안으로 들어서면 새파란 바다가 한눈에 들어오는 말차빙수 맛집.

✉ 제주시 구좌읍 동복로 11 📞 064-782-8611 OPEN 10:00~21:20 ₩ 말차빙수 13,000원, 아메리카노 4,500원

Restaurant

③ 김녕 오라이

핑크파스타, 핑크카레까지 핑크 덕후라면 김녕으로 오라이!

✉ 제주시 구좌읍 김녕로21길 21 OPEN 11:00~17:00 ₩ 핑크파스타 13,000원, 핑크카레 13,000원 📷 @ory_jeju

④ 동복리 해녀촌

회국수의 원조! 바로 옆 촌촌 해녀촌도 같은 집.

✉ 제주시 구좌읍 동복로 33 ☎ 064-783-5438 OPEN 09:00~19:00 ₩ 회국수 9,000원, 성게국수 9,000원

⑤ 곰막

동복리 해녀촌과 쌍벽을 이루는 회국수집.

✉ 제주시 구좌읍 구좌해안로 64 ☎ 064-727-5111 OPEN 08:00~20:00(둘째 주 화 휴무) ₩ 회국수 8,000원, 고등어구이 10,000원

Shopping

⑥ 산호상점

조용한 골목길에 자리한 제주 돌집 안 작지만 없는 게 없는 제주도 기념품 숍.

✉ 제주시 구좌읍 김녕로2길 20 ☎ 064-782-7320 OPEN 11:00~18:30(수 휴무) ₩ 해녀 모빌 5,000원, 현무암초 12,000원 @sanhojeju

Entertainment

⑦ 청굴물(청수굴)

바다 한가운데에서 솟아나는 용천수 주위를 돌담으로 둘러쌓아 만든 천연 노천탕. 밀물일 때는 진입로가 물속으로 사라져 썰물일 때만 걸어 들어갈 수 있다. 한여름조차 5분도 버티기 힘들 정도로 물이 차갑다.

✉ 제주시 구좌읍 김녕로1길 77

⑧ 김녕 해수욕장 야영장

제주의 에메랄드 바다를 바라보며 천연 잔디밭에서 캠핑을 하고 싶다면 김녕 해수욕장 야영장을 이용하자. 야영장 전용 주차장 개수대와 화장실, 샤워장, 취사장, 전기 시설(유료)까지 갖췄다. 나무그늘은 별로 없지만 바다에서 쉴 새 없이 불어오는 시원한 바람 덕에 그리 덥지 않다.

✉ 제주시 구좌읍 김녕리 497-4 ☎ 064-783-5044 ₩ 텐트 크기에 따라 소형 5,000원, 중형 10,000원, 대형 20,000원, 타프 10,000원

Guest House

⑨ 연이네 다락방

가파른 사다리를 타고 올라가야 하지만 다락방은 늘 만실이다. 바다를 향해 난 창을 통해 마을 전경이 함께 내려다보이고, 저녁에는 하얀 건물 벽을 스크린 삼아 감성 영화 상영이 이루어진다. 조식 포함.

✉ 제주시 구좌읍 동복로 56-3 ☎ 010-2757-8872 ₩ 도미토리 25,000원, 2인실 60,000원 🌐 blog.naver.com/bloomingjeju

⑩ 샨티샨티게스트하우스

농가주택이 100% 셀프 인테리어를 거쳐 인도 느낌 게스트하우스로 변신. 주인장이 몰타인이다. 조식 포함.

✉ 제주시 구좌읍 동복로 70-1 ☎ 010-6285-9620 ₩ 도미토리 25,000원, 2인실 60,000원, 3인실 75,000원 🌐 blog.naver.com/shantigwen

해수욕+해양 레포츠+공원 산책

함덕 해수욕장

제주시 조천읍 조함해안로 519-10
064-728-3394

해수욕과 서핑, 스노클링 등 레포츠를 즐기기에도 좋고, 해수욕 후에는 잔디 공원에 타프를 치고 휴식을 취할 수도 있다.

야자수 그늘 아래서 한숨 자고 난 후 서우봉에 5분만 오르면 함덕 해수욕장과 한라산을 한눈에 담을 수 있다.

바다와 맞닿은 카페 델문도 근처에 자리한 구름다리를 건너 바다로의 짧은 산책을 다녀오는 것도 좋겠다.

오랜 시절 휴양지로 사랑받아온 만큼 늦게까지 여는 카페, 주점, 식당 및 각종 편의 시설이 많아 제주 동쪽 해수욕장 중 유일하게 나이트라이프를 즐길 수 있는 곳이기도 하다. 해수욕장 주차장은 해수욕장에서 거리가 멀다. 해수욕장과 가까운 카페 델문도 앞 또는 서우봉 아래 캠핑장 주차장에 주차 후 물놀이를 즐겨보자.

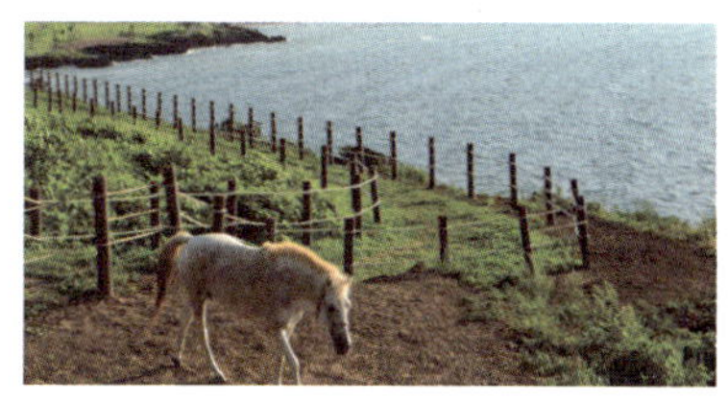

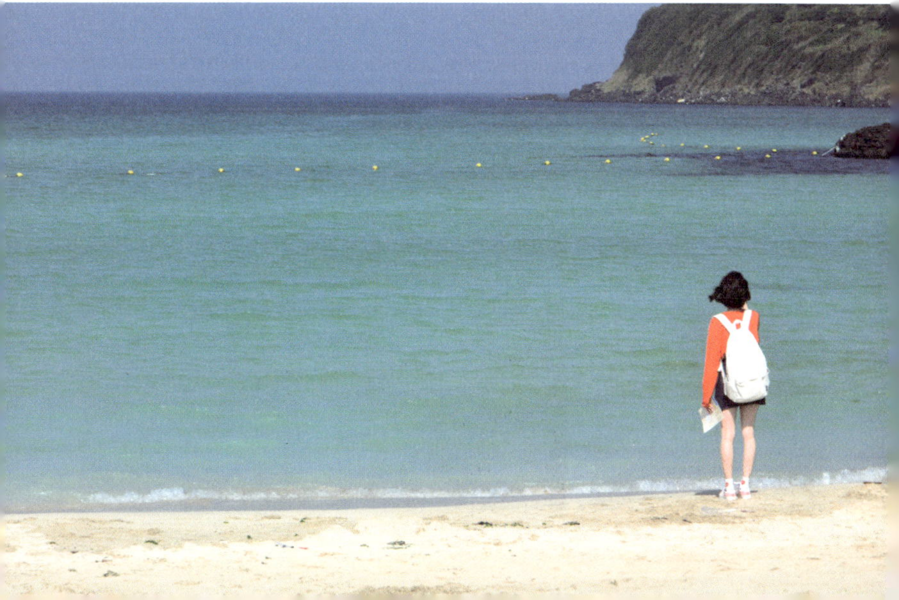

Cafe

① 델문도

바다와 맞닿아 있는 카페. 매시간 파티시에가 빵을 구워내고, 커피와 빙수, 젤라토까지 있지만 가장 맛있는 건 역시 바다 풍경.

✉ 제주시 조천읍 조함해안로 519-10 ☎ 064-702-0007 OPEN 07:00~24:00 ₩ 아메리카노 5,500원, 에이드 6,500원, 젤라토 4,500원, 제주돌빵 3,500원, 당근파운드케이크 4,500원 🌐 www.delmoondo.com

② 귤꽃 카페

온통 귤밭에 둘러싸인 사진 찍기 좋은 동화 속 카페. 수제 쑥와플이 맛있다.

✉ 제주시 조천읍 함덕2길 90 ☎ 064-784-2012 OPEN 11:00~18:00(둘째 주 수·목 휴무) ₩ 아메리카노 4,000원, 찹쌀쑥이와플 10,000원 📷 @gyulkkot

Restaurant

③ 저팔계 깡통 연탄구이

어슷하게 얇게 잘라 익혀주는 흑돼지구이는 그냥 먹기, 멜젓에 찍어서, 파무침 함께, 묵은지 싸서 등 먹는 방법도 다양하다. 평범하게 상추에 싸서 먹는 곳과는 비교 불가! 다양하게 맛보자.

✉ 제주시 조천읍 신북로 531 ☎ 064-783-1950 OPEN 16:00~24:00(수 휴무) ₩ 흑돼지생오겹살 19,000원, 흑돼지생목살 19,000원

④ 버드나무집

얼큰하고 푸짐한 해물칼국수. 약간 짜게 나오니 싱겁게 먹는 편이라면 주문할 때 미리 부탁드리자. 2인분부터 주문 가능하다.

✉ 제주시 조천읍 함덕13길 1 📞 064-782-9992 OPEN 10:00~20:00(브레이크 타임 15:00~17:00, 목 휴무) ₩ 해물손칼국수 9,000원, 매생이손칼국수 9,000원

⑤ 모닥식탁

식당보다는 카페가 더 어울릴법한 인테리어와 음식의 비주얼에 눈이 즐겁다. 신선한 돌문어와 톡톡 터지는 날치알, 부드러운 소스가 어우러지는 돌문어커리와 향긋한 풍미의 토마토소스에 부드러운 딱새우 살이 얹어진 딱새우토마토커리 둘 다 맛있다.

✉ 제주시 조천읍 함덕16길 14-1 📞 064-784-1050 OPEN 11:00~20:00(브레이크 타임 15:00~17:00, 일·월 휴무) ₩ 돌문어커리 12,000원, 딱새우커리 12,000원, 감귤바질아이스크림 5,000원

📷 @modak.song

Shopping

⑥ 잠녀 해녀촌

해녀들이 직접 운영하는 성게미역국, 보말죽 맛집.

✉ 제주시 조천읍 조함해안로 410 📞 064-782-6769 OPEN 07:00~21:00 ₩ 전복죽 12,000원, 성게미역국 10,000원

⑦ 만춘서점

엄선된 도서들로 꽉 찬 동네 서점. CD, LP 등 음반도 함께 판매한다.

✉ 제주시 조천읍 함덕로 9 📞 064-2623-6137 OPEN 11:00~19:00 📷 @manchun.b.s

⑧ 덕인당 보리빵

수요미식회 덕에 더 유명해진 보리빵, 쑥빵 맛집. 달콤한 단팥이 들어간 쫀득한 쑥빵이 인기 있다. 택배도 가능하다.

✉ 제주시 조천읍 신북로 36 📞 064-783-6153 OPEN 09:00~14:00(둘째, 넷째 주 일 휴무) ₩ 보리빵·쑥빵 600원, 팥보리빵 800원

Entertainment

Guest House

⑨ 맨도롱장

함덕 해수욕장 잔디 광장에서 열리는 플리 마켓. 에메랄드빛 함덕 바다를 배경으로 개성 강한 셀러들의 물건들을 구경하는 재미가 쏠쏠하다. 한여름엔 야시장으로도 열리며, 우천 시 취소된다.

✉ 제주시 조천읍 조함해안로 525 OPEN 일 15:00~18:00 📷 @mendolong_market

⑩ 신촌 닭머르 해안길

바다를 향해 솟구치던 용암이 신촌 바다를 만나 작은 언덕처럼 굳어졌다. 그 위에 지어진 정자로 향하는 길 양쪽으로 가을이면 억새가 뒤덮어 금빛 산책을 할 수 있다. 데크 산책로는 걷기 편하다. 한적한 신촌 포구 마을을 드라이브하다가 들르기 좋다.

✉ 제주시 조천읍 신촌리 3403

⑪ 까사올라 게스트하우스

함덕 해수욕장 1분 거리에 위치한 여행자 감성 충만한 여성 전용 게스트하우스.

✉ 제주시 조천읍 조함해안로 554 📞 010-7661-4554 ₩ 도미토리 20,000원, 2인실 50,000원 🌐 casahola.fortour.kr

⑫ 아이미 제주 비치 호텔

함덕 바다를 마주한 곳에 위치한 신축 호텔. 극성수기만 피하면 가성비 최고의 숙소.

✉ 제주시 조천읍 조함해안로 474 📞 064-780-0000 ₩ 더블룸 60,000원~ (가격은 매일 변동되므로 포털사이트에서 최저가 검색 할 것)

⑬ 아프리카 게스트하우스

자유로운 영혼들의 성지로 파티가 수시로 열린다. 친구를 사귀고 싶다면 이곳으로 가자. 호불호가 심하게 갈리는 편. 조식 포함.

✉ 제주시 조천읍 신흥로2길 33 📞 070-7761-4410 ₩ 도미토리 20,000원, 2인실 50,000원 🌐 cafe.naver.com/africaguesthouse

⑭ 무거펜션&카라반

함덕 해수욕장이 내려다보이는 함덕 해안도로에 위치한다. 카라반도 있어 이색적인 하룻밤을 보내는 것도 가능하다. 함께 운영하는 무거버거에서 두툼한 수제버거도 즐길 수 있다.

✉ 제주시 조천읍 조함해안로 356 📞 010-6260-9737 ₩ 원룸(2인) 120,000원, 카라반(2인) 120,000원 🌐 www.moogerpension.com

삼양 해수욕장

✉ 제주시 삼양동 1657-3

제주는 어딜 가나 하얀 백사장과 투명하게 빛나는 바다를 만날 수 있다. 하지만 현무암 지대인 제주에서는 검은 모래가 더 자연스럽다.

삼양 해수욕장은 현무암이 부서져 만들어진 검은 모래로 이루어져 여타 해수욕장과는 다른 특이한 풍경을 연출한다. 또한 이곳의 모래는 각종 미네랄 성분이 많아 병원이 부족하던 시절 모래찜질로 유명했다.

한낮의 뜨거운 태양열을 머금은 모래 속에 몸을 파묻고 한숨 쉬었다 나오면 허리나 근육의 통증 완화는 물론 피부까지 매끈해지는 효과가 있어 제주 도민들 사이에서 최고의 민간 치료법이었다.

예전만은 못하지만 아직도 삼양 해수욕장은 여름철이면 해수욕과 모래찜질을 하는 주민들로 북적인다. 해수욕장 끝에는 차갑기로 소문난 용천수가 샘솟아 해수욕 후 끈끈한 바닷물과 검은 모래를 곧바로 씻어낼 수 있으니 이보다 더 좋을 수 없다. 한여름인 7월 15일부터 8월 15일까지 야간 개장을 한다. 동네 주민처럼 시원한 바닷바람을 맞으며 물놀이도 하고 방파제에서 치맥도 즐기며 여름밤의 열기를 식혀보는 것도 특별한 경험이다.

관덕정&
제주 목관아

✉ 제주시 관덕로 19
📞 064-728-8666

Tip 수많은 보행자와 차량들로 뒤얽힌 시내이다. 언제 어디에서 자동차, 보행자가 튀어나올지 모르니 주의하자.

관덕정은 제주에서 가장 오래된 건물이다. 서울의 광화문 광장이 그러하듯 관덕정 앞 광장은 탐라국 시대부터 수백 년 동안 제주 문화와 행사의 중심이었다.

지금도 추석맞이 행사, 입춘굿 등 제주의 중요 행사는 관덕정 앞에서 이뤄진다. 광화문 뒤에 경복궁이 있듯 관덕정 옆엔 제주 목관아가 있다.

제주를 다스리던 제주 목사가 부임하여 다스리던 관청으로 이곳이야말로 제주 행정의 중심지인 셈.

일제 강점기 이후 완전히 파괴되어 흔적만 남아 있던 제주 목관아는 최근 발굴 및 복원되어 예전 모습을 되찾았다.

관덕정을 중심으로 동문 시장, 탑동 광장, 칠성로 등 제주의 원도심이 펼쳐진다. 신시가에 밀려 낙후된 느낌이었던 원도심이 최근 문을 연 감각적인 가게들로 인해 다시 활기를 찾고 있다. 제주를 떠나기 전 마지막 여유를 즐겨보자.

Cafe

❶ 에이 팩토리 커피 앤 북스

아라리오 뮤지엄에서 운영하는 북카페. 1층에는 커피 바와 베이커리, 2~3층에는 독립 서점들의 책과 편안하게 책을 읽을 수 있는 공간이 마련되어 있다. 로스터리 카페로 커피 맛도 수준급.

✉ 제주시 탑동로 11 ☎ 064-720-8222 OPEN 09:00~22:00 ₩ 아메리카노 3,800원, 크루아상 2,000원, 애플라테 5,000원 ⓞ @afactory_coffeeandbooks

❷ 순아 커피

100년 된 일본식 적산 가옥을 최소한으로 리모델링한 다다미방이 있는 카페. 도심 한가운데 있어 더욱 이색적이다.

✉ 제주시 관덕로 32-1 OPEN 13:00~19:00 (수 휴무) ₩ 아메리카노 3,500원, 아쌈밀크티 5,000원, 베이글과 크림치즈 4,500원 ⓞ @myhaihaba

❸ 쌀다방

입구의 커다랗게 '쌀'이라고 붙어 있는 간판과 빈티지한 소파가 포토존

으로 유명한 관덕정 근처 카페. 내부는 빈티지 소품과 식물로 가득 채워져 있다. 고소한 쌀다방라테가 시그니처 메뉴.

✉ 제주시 관덕로4길 7 ☎ 070-7785-9160 OPEN 11:00~22:00 ₩ 쌀다방라테 6,000원, 아메리카노 4,000원, 자몽에이드 6,000원 ⓞ @cafe.ssal

❹ 하빌리스커피

벚꽃길로 유명한 전농로에 위치해 있다. 2종의 블렌딩티와 8종의 향시럽을 넣어 만든 벚꽃라떼가 시그니

처 메뉴.

✉ 제주시 전농로 37 📞 064-724-0037
OPEN 11:00~23:00 ₩ 벚꽃라떼 5,000원,
감귤스무디 6,500원 **f** @habiliscoffee

Restaurant

⑤ 미친부엌

맛있는 안주와 함께 술 한잔하기 좋
은 퓨전 일식집. 시그니처 메뉴인 공
오빠크림짬뽕은 느끼해 보이는 첫인
상과는 달리 시원 칼칼하여 속이 풀
리는 맛이다.

✉ 제주시 중앙로3길 4 📞 064-721-
6382 **OPEN** 17:30~24:00(월 휴무) ₩ 공오
빠크림짬뽕 10,000원, 연어덮밥 10,000원,
고독한 미식가 세트(사시미 4종, 치킨가라
아게, 짬뽕, 맥주 500cc) 27,000원

⑥ 우진해장국

제주에만 있는 고사리 육개장. 푹 퍼
진 고사리에서는 소고기 같은 맛과
식감이 느껴지고, 국물은 부드러우
면서 묵직하다.

✉ 제주시 서사로 11 📞 064-757-3393
OPEN 05:30~24:00(명절 휴무) ₩ 고사리
육개장 8,000원, 몸국 8,000원, 사골해
장국 8,000원

⑦ 자매국수

치자가 들어가 노랗고 쫄깃한 면발
에 돼지 사골을 푹 고아 낸 국물, 잡
내 없는 돼지고기가 넉넉하게 올라
가 든든한 한 끼 식사로 그만이다. 노
형동에 분점도 있으니 가까운 곳으
로 가자.

✉ 제주시 삼성로 67 📞 064-727-1112
OPEN 09:00~21:00 ₩ 고기국수 7,000원,
비빔국수 7,000원, 돔베고기 30,000원

⑧ 동고량

화학조미료를 사용하지 않는 정성
가득 도시락이 메인 메뉴인 테이크
아웃 전문점이다. 매장내 식사도 가
능하다. 방문 전 전화예약하면 기다
리지 않고 조금 더 편하게 찾아갈 수
있다.

✉ 제주시 중앙로8길 9 📞 070-7868-
2549 **OPEN** 08:00~15:00 (수 휴무) ₩ 동
고량도시락 12,00원, 청춘도시락 12,000
원 **@** @jeju_life

⑨ 동문 시장

제주에서 가장 오래된 전통 시장. 여
행의 마지막 날 쇼핑하기 좋다. 감귤,
한라봉, 천혜향, 오메기떡, 옥돔 등
제주 특산물은 물론 제주 바다를 담
은 캔들, 돌하르방 등도 구입할 수 있
다. 수산물 코너에 가면 저렴하게 회
를 포장해갈 수 있으며, 떡볶이, 대게
고로켓, 감귤 모찌, 호떡까지 간단히
즐길 수 있는 먹거리도 풍부하다.

✉ 제주시 동문로 16 📞 064-722-3264
🌐 jejudongmun.modoo.at

⑩ 더 아일랜더

제주스러운 독특한 아트 기념품을
구하고 싶다면 동문 시장 가는 길에
함께 들러보자. 방향제, 문구류, 마그
넷, 파우치 등 제주 아티스트들의 작
품이 많다. 최근에 옆 옆집에 라이프
스타일 편집 숍을 오픈해 다양한 취
향을 만족시키고 있다.

✉ 제주시 칠성로길 41 📞 010-8971-
5562 **OPEN** 11:00~20:00(수 휴무) **@** @
jeju_the_islander

⑪ 미래책방

제주 원도심 오랫동안 방치되었던
식당자리에 문을 연 작은 서점. 소규
모 출판물, 주인의 취향대로 선택된

책들과 작은 소품들을 판매한다. 예전 흔적을 그대로 살린 멋스런 인테리어가 감각적이다.

✉ 제주시 관덕로4길 3 📞 010-3656-1753 **OPEN** 12:00~20:00(목 휴무) 📷 @mirai_books

⑫ 모퉁이 옷장

파란색 벽과 빨간색 문으로 강렬한 인상을 주는 빈티지 옷 가게. 작은 공간에서 구제 옷을 고르는 재미가 쏠쏠하다. 밖으로 나와 있는 거울이 모퉁이 옷장의 포토존.

✉ 제주시 중앙로12길 40 **OPEN** 11:30~19:30 📷 @jeju_motoong2

Entertainment

⑬ 아라리오 뮤지엄 탑동 시네마

방치되었던 오래된 복합 상영관 건물이 세계적인 아티스트의 작품 전시 공간으로 재탄생 되었다. 한국을 대표하는 컬렉터 김창일 회장이 개관한 곳으로, 도심 재생의 아주 좋은 예로 꼽히고 있다. 새빨간 외관이 눈길을 사로잡고, 내부는 옛날 건물 그대로의 흔적이 남아 있다. 코헤이 나

와의 '사슴 가족', 중국 작가 장환의 '영웅 No.2', 팝아트의 선구자 앤디 워홀의 작품 등의 현대 미술을 만나볼 수 있다.

✉ 제주시 탑동로 14 📞 064-720-8201 **OPEN** 10:00~19:00(입장 마감 18:00, 월 휴무) ₩ 성인 12,000원

⑭ 삼성혈

제주도 원주민의 발상지로, 고, 양, 부 씨의 시조인 세 신인이 솟아났다는 구멍이 있는 곳. 500년 이상 된 곰솔나무와 팽나무, 녹나무, 구실잣밤나무 등으로 울창한 숲을 이루고 있으며, 봄이면 오래된 벚나무가 꽃을 피워내는 숨은 벚꽃 명소다.

✉ 제주시 삼성로 22 📞 064-722-3315 **OPEN** 09:00~18:00(매표 마감 17:30, 1/1·설날·추석 휴무) ₩ 성인 2,500원

Guest House

⑮ 비지터 게스트하우스

동문 시장 내 위치하여 다양한 볼거리가 가깝고, 각종 편의 시설이 몰려 있어 편리하다. 조식 포함.

✉ 제주시 오현길 85 📞 010-2251-5228 ₩ 도미토리 22,000~25,000원, 1인실 35,000원, 2인실 65,000원,

3인실 85,000원 🌐 blog.naver.com/hellovisitor

⑯ 미르 앤 러브 게스트하우스

용두암을 형상화한 독특한 건물 디자인과 다르게 내부는 깔끔한 화이트 인테리어로 간단한 음식 조리가 가능한 게스트 카페, 라이브러리, 야외 극장, 전망대 등 편의 시설이 잘 갖추어져 있다. 조식 제공.

✉ 제주시 용담로7길 4 📞 064-900-2561 ₩ 도미토리 33,000원, 2인실 80,000원 🌐 mirguesthouse.com

⑰ 숨 게스트하우스

제주 시외버스 터미널 맞은편에 위치하여 교통 편리하고 시설이 좋다. 침대마다 개인 커튼, 개인 조명, 콘센트 소지품 함이 있어 편리하다. 홈 파티와 야경 스냅 투어 유료 진행. 조식 포함.

✉ 제주시 서광로5길 2-2 📞 070-8810-0106 ₩ 도미토리 22,000~30,000원, 더블룸 60,000원 🌐 sumhostel.kr

사진작가 김영갑이 가장 사랑한

용눈이 오름

제주시 구좌읍 종달리 산28

Tip 주차장 앞에 화장실과 매점이 있다. 여유롭게 오름을 즐기다 보면 한 시간은 금방이다. 오름에 오르기 전 화장실에 들르자.

하늘에서 내려다보면 용이 누워 있는 형세와 같다고 하여 붙여진 이름. 유일하게 세 개의 분화구를 가져 세 개의 능선이 어우러진 오름이다.

나무가 거의 없어 곱게 이어지는 능선은 마음을 편하게 한다. 20여 분이면 정상에 올라 발아래 펼쳐진 먼 풍경을 감상할 수 있다. 넓고 푸른 목초지와 삼나무로 나뉘는 경계에는 오름의 물결이 굽이굽이 흘러간다. 멀리 성산일출봉이 우뚝 서 있고, 뒤를 돌면 먼 한라산이 아스라이 굽어보인다.

한가로이 풀을 뜯는 소들은 자칫 밋밋할 수 있는 오름에 생동감을 준다. 종달리에서 용눈이 오름으로 이어지는 이차선 도로가 용눈이 오름로다. 적당히 굽어진 길, 숲과 나무, 억새가 어우러진 도로는 차량 통행도 한가한 편이라 달리기 편안하다.

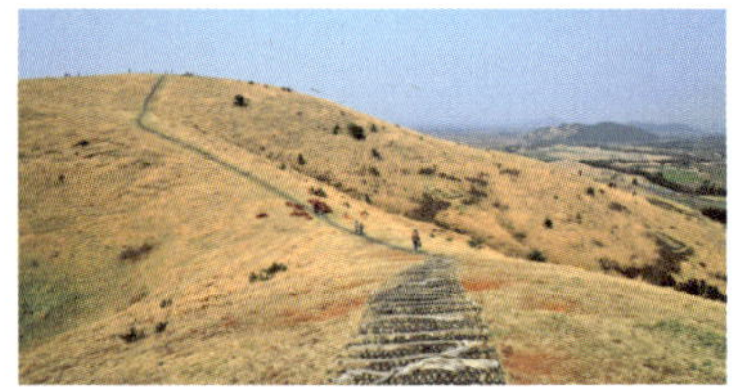

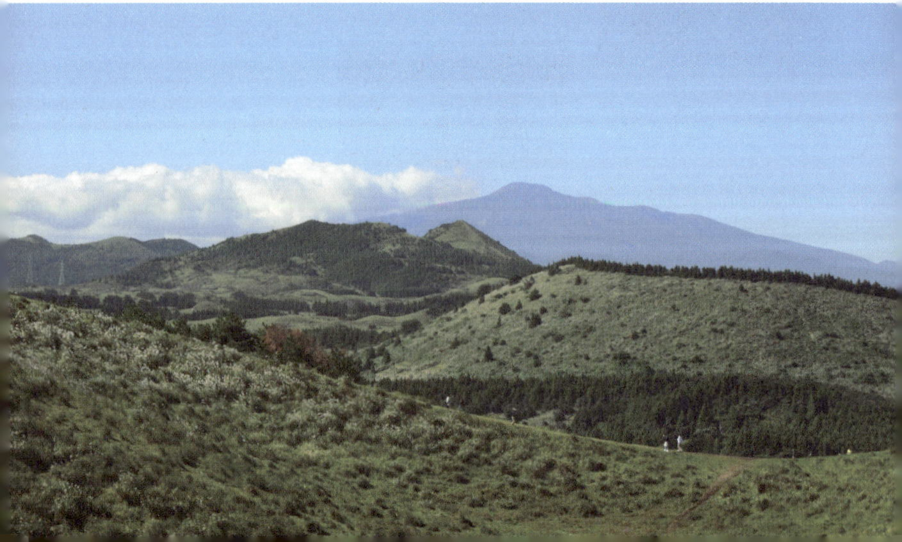

Entertainment

❶ 제주레일바이크

철로를 달리며 주변 경관을 즐길 수 있는 곳. 자동 운전 방식이라 힘들게 페달을 밟지 않아도 된다. 주변의 오름, 우도, 성산일출봉까지 조망할 수 있다. 트레일 완주는 35분 정도 소요되며, 용눈이 오름 바로 옆에 위치해 있다.

✉ 제주시 구좌읍 용눈이오름로 641 ☎ 064-783-0033 OPEN 09:00~17:30 ₩ 2인승 30,000원, 3인승 40,000원 ⊕ www.jejurailpark.com

❷ 다랑쉬 오름

좌우 대칭의 매끈한 원뿔형 모양의 오름으로 분화구가 달처럼 둥글게 보인다 하여 다랑쉬라고 부른다. 한자어로는 월랑봉이라 부른다. 이정표로 월랑봉으로 표기되는 경우도 있으니 참고하자. 다랑쉬 오름의 분화구는 한라산 백록담과 그 깊이가 같다고 하며, 오르내리는 데 1시간 남짓이 소요될 만큼 비교적 높다.

✉ 제주시 구좌읍 세화리 산6 ☎ 064-710-3314

❸ 아끈다랑쉬 오름

10분이면 오르는 작고 귀여운 오름. 가을이면 오름 전체를 억새가 뒤덮어 억새풀 사이로 산책하는 낭만적인 경험을 할 수 있다. 다랑쉬 오름과 입구를 마주하고 있다.

✉ 제주시 구좌읍 세화리 2593

송당리

✉ 제주시 구좌읍 송당리

송당리는 약 900년 역사의 오래된 중산간 마을이다. 주변에 당 오름, 안돌 오름, 아부 오름, 거슨세미 오름 등 18개의 오름이 몰려 있어 '오름의 본고장'이라 불리기도 한다.

영화 〈이재수의 난〉 촬영 장소이자 가장 낮은 오름 중 하나인 아부 오름 길을 따라 달리다 보면 삼나무를 병풍으로 두른 그림 같은 초지를 지나 송당리 마을에 다다른다.

송당리는 규모가 크지 않아 한가로이 산책을 하거나 스쿠터로 한 바퀴 둘러보기에 제격이다.

풍림다방, 라마네 의식주, 치저스, 1300k, 송당나무 등 개성 강한 장소들이 송당리를 찾는 즐거움을 배가시킨다. 마을 중심을 벗어나 보건소 맞은편 길에 마을의 수호신이 좌정해 있다고 여기는 본향당이 숨어 있다.

운 좋게 굿을 구경할 수도 있다. 본향당은 누구에게나 열려 있으니 잠시 들러 동백나무 산책로도 구경하고 소원도 빌어보자. 신당 옆에 있어 당 오름이라 이름 붙여진 곳에서 숲길 산책을 해도 좋겠다.

핫플레이스

Cafe

① 풍림다방

제주 최고의 커피 맛으로 인정받는 곳. 융 드립으로 내리는 진한 풍미의 핸드드립 커피와 달콤한 크림이 올라간 풍림브레붸가 시그니처 메뉴.

✉ 제주시 구좌읍 중산간동로 2254 ☎ 064-784-8834 OPEN 10:30~재료 소진 시 (브레이크 타임 11:30~13:00, 화·수 휴무) ₩ 핸드드립커피 7,000원, 풍림브레붸 7,000원 ◎ @pumglim_dabang

② 송당나무

꽃과 식물이 가득한 온실 카페. 마을 안 꼭꼭 숨어 있는 카페에 도착하면 1,600평 정원에 꾸며진 꽃들이 반겨준다. 그 사이에서 뛰노는 고양이들까지 그림 같은 곳.

✉ 제주시 구좌읍 송당5길 68-140 ☎ 010-9364-2819 OPEN 월~토 10:00~18:00, 일 14:00~18:00 ₩ 아메리카노 5,000원, 허브차 5,000원 ◎ @songdangnamu

Restaurant

③ 치저스

핫한 푸드트럭 시절을 거쳐 송당리에 널찍하고 예쁜 식당으로 자리잡았다. 큐브스테이크 위로 쏟아지는 치즈 폭포가 인상적인 라클렛이 대표메뉴. 새우버터구이는 토핑으로 추가할 수 있다.

✉ 제주시 구좌읍 비자림로 1785 ☎ 070-7798-1447 OPEN 11:30~ 17:00 또는 재료 소진 시까지(수·목 휴무) ₩ 라클렛 12,000원, 부채살 스테이크 11,000원, 토핑추가 (새우버터구이) 5,000원 ◎ @cheesus_jeju

④ 라마네 의식주

베트남 쌀국수와 베트남식 바게트 샌드위치 반미 맛집.

✉ 제주시 구좌읍 중산간동로 2117 ☎ 064-782-7437 OPEN 11:00~17:00(월·화 휴무) ₩ 쌀국수 9,000원, 치킨크랜베리 반미 12,000원 ⊙ @ramanehouse

Shopping

⑤ 1300K

디자인 소품, 문구, 제주 관련 기념품을 판매하는 소품 숍.

✉ 제주시 구좌읍 중산간동로 2240 ☎ 064-782-1305 OPEN 10:00~19:00

Entertainment

⑥ 아부 오름

동그란 분화구 안 원형으로 식재된 삼나무가 인상적인 오름. 5분이면 오르는 작은 오름이라 들렀다 가기 좋다.

✉ 제주시 구좌읍 송당리 2263

⑦ 송당 본향당&당 오름

송당 본향당은 본향신의 자손을 모시는 곳이다. 본향신은 마을의 토지와 그 마을 사람들의 생사를 맡아보는 신을 일컫는 말이다. 이곳에서는 마을의 안녕을 기원하는 굿과 마을제를 한 해에 4번(음력 1월 13일, 2월 13일, 7월 13일, 10월 13일) 치른다. 제를 지내는 날에 이곳을 찾으면 제주 고유 풍습을 생생하게 볼 수 있다. 본향당이 자리 잡은 당 오름은 나무가 빽빽하여 정상에 올라 보이는 탁 트인 전경은 없지만 숲 속 산책하기에 좋다.

✉ 제주시 구좌읍 송당리 산 199-1

⑧ 메이즈랜드

제주도의 삼다(三多)를 테마로 조성한 5.3km 세계 최장의 석축 미로 공원. 바람 미로에는 측백나무가 심어져 있어 피톤치드가 풍부하고, 여자 미로에는 화려한 애기동백나무가 심어져 있다. 난이도가 가장 높은 돌 미로는 신비로운 분위기가 압도적. 전망대에 오르면 오름군에 둘러싸인 메이즈랜드의 풍경을 볼 수 있고, 곳곳에 포토존도 잘 꾸며져 있다.

✉ 제주시 구좌읍 비자림로 2134-47 ☎ 064-784-3838 OPEN 11~1월 09:00~17:30, 2~3, 10월 09:00~18:00, 4~5월 09:00~18:30, 6~9월 09:00~19:00 ₩ 성인 9,000원, 어린이 8,000원

Guest House

⑨ 소로소로 게스트하우스

단골손님이 많은 조용하고 따스한 공간. 조식 포함.

✉ 제주시 구좌읍 송당7길 3 ☎ 070-4116-9938 ₩ 1인실 50,000원, 2인실 70,000원 🌐 www.jejusorosoro.kr

⑩ 써니허니 게스트하우스

수천 권의 만화책을 소장하며, 매일 오름 투어를 신행한다. 조식 포함.

✉ 제주시 구좌읍 송당리 1359-1 ☎ 010-9996-6640 ₩ 도미토리 25,000원 🌐 blog.naver.com/sunny-hunny

천년 숲을 걷다

비자림

제주시 구좌읍 비자숲길 55
064-710-7912
OPEN 09:00~18:00(17:00 입장 마감)
₩ 입장료 성인 1,500원

Tip 비자림 안에는 화장실이 없다. 입장하기 전 입구 주차장 옆 화장실을 이용하자. 비자림 입구 주차장 바로 앞의 카페&매점에서 간단한 음료와 먹을거리를 판매한다. 비자림 곳곳에 붉은색 포도송이 같은 천남성을 볼 수 있다. 천남성은 조선 시대 사약의 재료로 쓰였던 유독성 식물이다. 절대 만지거나 먹지 말자.

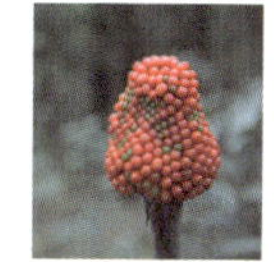

비자림에는 500~800살 정도로 추정되는 비자나무가 2,800여 그루 모여 있다. 단일 수종으로 이루어진 숲 중에서는 세계 최대 규모이자 천연기념물 제374호로 지정되어 보호받고 있다.

이런 거창한 타이틀을 잘 모르더라도 비자림은 '힐링 산책로'로서 도민과 관광객 모두에게 꾸준히 사랑 받고 있다. 해안가와 비교적 가까워 접근성이 좋고, 1시간 안팎의 짧고 평탄한 코스는 누구나 부담 없이 걸을 수 있다.

붉은 화산송이를 사각사각 밟으면 걷는 내내 눈과 귀가 즐거워진다. 비자나무가 내뿜는 피톤치드를 깊이 들이마시며 걷다 보면 내면의 번잡함과 스트레스는 어느새 사라진다. 평대리에서 비자림, 송당리를 지나 한라산 방향으로 향하는 이차선 도로가 '비자림로'다.

4월 벚꽃이 피는 계절이면 비자림로는 꿈결 같은 벚꽃길이 펼쳐진다. 스쳐가듯 짧은 벚꽃철에 제주를 찾았다면 잠시 길을 돌아서라도 비자림로 벚꽃길을 달려보자.

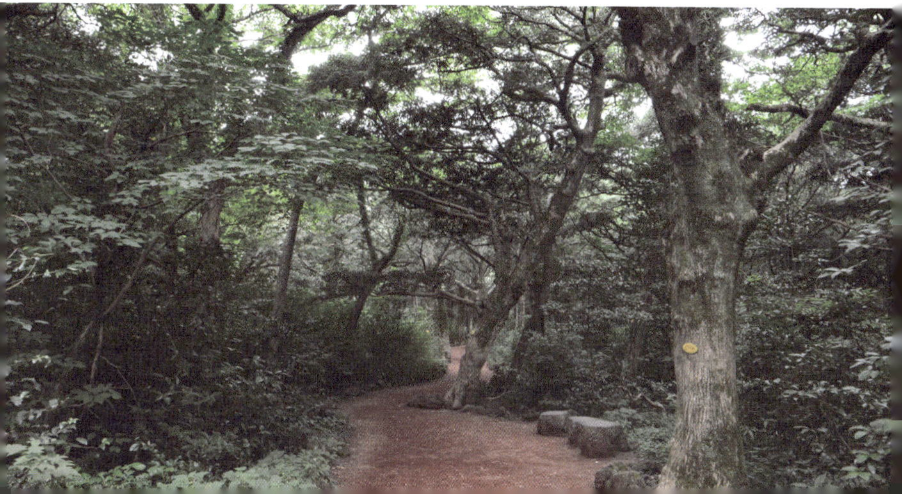

제주 절물
자연 휴양림

제주시 명림로 584전화번호 064-728-1510
OPEN 10:00~18:00
₩ 일반 1,000원
jeolmul.jejusi.go.kr

1997년에 개장한 제주도 1호 휴양림으로 장생의 숲길, 절물 오름 탐방로, 너나들이 길, 생이소리길 등 길고 짧은 산책 코스가 다양하다. 그중 가장 편하고 예쁜 길은 '삼울길'이다.

하늘이 잘 보이지 않을 정도로 삼나무가 빽빽하고 울창하게 자라고 있다. 잘 정비된 데크 길을 따라 걸으며 삼나무가 내뿜는 피톤치드를 맡다 보면 절로 기분이 상쾌해진다.

빛 좋은 날 나무들 사이로 쏟아져 들어오는 빛을 보고 있자면 꿈결 같고, 비가 오는 날마저 운치 있다. 절물 자연 휴양림의 산책로를 모두 돌아보자면 하루도 모자라다. 1~2시간 정도 데크로 정비된 둘레길을 한 바퀴 걸어보자. 곳곳에 무료로 이용할 수 있는 평상이 많다. 6~7월이면 산수국이 중앙 산책로를 푸르게 물들인다.

Tip 숲속 휴양림에서 자연과 함께 하룻밤을 보내고 싶다면 절물 자연 휴양림 내 숙박 시설인 숲속의 집을 이용하자. 매월 1일 오전 9시에 다음 달 숙박 예약을 홈페이지를 통해 선착순으로 접수할 수 있다. 저렴한 가격(4인 기준 비수기 37,000원, 성수기 67,000원)에 인기가 많다.

Entertainment

① 사려니 숲길

트레킹 하기 좋은 최고의 숲길. 입구는 1112번 도로와 남조로 붉은 오름 자연휴양림 옆으로 두 군데 있다. 매년 5~6월 경 사려니 숲 에코 힐링 체험 기간에는 출입 통제 중인 물찻 오름 탐방까지 가능하니 참고하자.

✉ 제주시 조천읍 교래리 산 137-1 ☎ 064-900-8800 OPEN 08:00~16:00 ₩ 입장료 무료

② 샤이니 숲길

길 양쪽으로 늘어선 제주 돌담과 그 뒤로 늘어선 편백나무 사이로 들어오는 햇빛이 몽환적이다. 사려니 숲길 근처에 있어 '샤이니 숲길'이라는 비공식 명칭으로 알음알음 전해져 오는 곳이다.

✉ 제주시 조천읍 비자림로 430-31

③ 제주 4·3 평화 공원

당시 제주 인구의 1/10이 넘는 제주 도민들이 학살된 4·3사건의 희생자를 기리기 위한 추모 공원이다. 10만 평의 넓은 대지에 4·3 사건의 전말을 알 수 있도록 4·3 평화 기념관, 위령 제단, 위폐 봉안실, 유해 봉안관 등이 들어서 있다. 특히 마을 별로 희생자 명단을 빼곡히 새겨 넣은 각명비와 이곳에서 희생된 두 모녀의 죽음의 순간을 표현한 비설(飛雪) 조형물은 놓치지 말고 찾아보자. 아프지만 바라봐야 할 역사와 마주하면 먹먹함에 가슴이 아려온다.

✉ 제주시 명림로 430 ☎ 064-710-8461 OPEN 09:00~18:00(첫째, 셋째 주 월 휴무) ₩ 입장료 무료

만장굴

✉ 제주시 구좌읍 김녕리 3341-3
📞 064-710-7903
OPEN 09:00~18:00(첫째 주 수 휴무)
₩ 성인 2,000원

Tip 만장굴로 향하는 길목에 김녕 미로 공원(제주시 구좌읍 만장굴길 122, 입장료 3,500원, 09:00~18:00)을 먼저 만난다. 제주 대학교에서 퇴직한 미국인 더스틴 교수가 제주에 대한 애정을 담아 설립한 김녕 미로 공원은 우리나라 최초의 미로 공원이다. 어두운 지하 동굴로 내려가기 전에 사계절 푸른 랠란디나무 미로를 탐험하며 잠시 쉬어 가는 것도 좋겠다.

7.4㎞ 길이의 만장굴은 제주에서 가장 길고 유명한 동굴이다. 현재 제2입구 1㎞만 개방되어 탐방이 가능하다.

약 700만 년 전 거문 오름 화산 폭발과 함께 형성된 것으로 추정되며, 1958년에야 발견되어 세상에 알려졌다. 주요 통로 크기는 폭 18m, 높이 23m에 이를 만큼 세계적으로도 거대하다.

서늘하게 불어오는 바람, 축축하게 물기가 젖어 있는 어두운 길을 걸어보자. 용암이 흘러간 당시의 시간을 상상하다 보면 자연의 위대함에 감탄하게 된다. 길게 느껴지는 1㎞의 여행 끝에 마주하는 거대한 용암 석주까지 왔다면 더는 앞으로 갈 수 없다. 아직도 여행객에게 공개되지 않은 6.4㎞의 동굴이 앞에 남아 있지만 발길을 돌려야 한다. 심연의 어둠에 가려진 부분은 박쥐의 공간으로 남겨두자.

여름에도 만장굴 내부는 서늘하고 바닥이 젖어서 미끄러지기 쉽다. 가벼운 카디건과 걷기 편한 신발은 필수.

거문 오름&
세계 자연유산 센터

제주시 조천읍 선교로 569-36
064-710-8980
OPEN 09:00~13:00(화 휴무)
입장료 어른 3,000원
wnhcenter.jeju.go.kr

울창한 곶자왈로 뒤덮여 '검은 오름'이라 불렸던 거문 오름 트래킹은 그야말로 '신비한 제주 탐험'이다. 거문 오름은 예약된 인원에 한해서만 해설사의 안내와 함께 탐방이 가능하다.

거문 오름 탐방로를 걸으며 마을 주민이자 해설사의 안내에 귀를 기울이다보면 곶자왈의 풀과 나무, 지질학적 가치가 높은 각종 화산 지형, 과거 제주인의 삶과 애환, 제주의 신화까지 다양한 모습을 배우게 된다. 탐방로는 정상 코스 약 1.8km(약 1시간 소요), 분화구 코스 약 5.5km(약 2시간 30분 소요), 전체 코스 약 10km(약 3시간30분 소요) 세 코스로 본인이 선택할 수 있다. 쉽게 정상에 올라 오름 아래 전경을 내려다보는 다른 오름과는 전혀 다른 경험이 될 것이다. 탐방 예약은 이전 달 1일부터 선착순으로 받는다.

만장굴로 대표되는 거문 오름 용암 동굴계는 학술적 가치가 뛰어나 유네스코 세계 자연유산으로 등재되었다. 그 가치를 기념하기 위해 거문 오름 입구에 제주 세계 자연유산 센터가 운영 중이다. 세계 자연유산 센터 내 전시 갤러리, 4D 극장, 전시관에서 화산섬 제주의 탄생부터 지질학적 특징, 해양 생태계까지 제주의 자연유산에 대한 모든 것을 배울 수 있다. 세계 자연유산 센터는 예약 없이 관람 가능하니 거문 오름 탐방 예약을 하지 못했다면 자연유산 센터만이라도 둘러보자.

드넓은 녹차밭과 그 위로 스릴 만점의 짚라인, 차 문화관, 시원한 동굴 카페까지 즐길 수 있는 복합 문화 공간.

✉ 제주시 조천읍 선흘리 600-12 ☎ 064-782-0005 OPEN 09:00~18:00 ₩ 입장료 2,000원, 음료권 5,000원, 짚라인 28,000원

Restaurant

③ 선흘곶

제주 돔베고기를 맛볼 수 있는 건강한 한 끼. 남녀노소 누구와 함께 가도 실패하지 않는 자연밥상이다.

✉ 제주시 조천읍 동백로 102 ☎ 064-783-5753 OPEN 10:30~18:00(화 휴무) ₩ 쌈밥정식 12,000원

④ 빌레와 너드랑

삼장 분위기에서 먹는 웰빙 밥상. 특별한 게 없어 보여도 삼삼한 맛이 오래 기억에 남는다. 집 밖에서 먹는 집밥이다.

✉ 제주시 조천읍 선흘남4길 286-3 ☎ 010-3137-3132 OPEN 11:00~20:00(오후 영업은 유동적으로 전화 문의 필수, 토 휴무) ₩ 웰빙정식 8,000원, 비빔밥 8,000원, 들깨칼국수 8,000원

핫플레이스

⑤ 방주할머니 식당

직접 농사지은 콩으로 만든 건강하고 소박한 밥상.

✉ 제주시 조천읍 선교로 212 ☎ 064-783-1253 OPEN 봄~가을 10:00~19:00, 겨울 10:00~18:00(일 휴무) ₩ 검정콩국수 8,000원, 고사리비빔밥·묵비빔밥 7,000원, 산채곰취만두 10,000원

Entertainment

⑥ 동백 동산 람사르 습지

곶자왈 지대로 난대 상록활엽수의 천연림이다. 동백나무가 많아 이름 붙여진 동백 동산이지만 동백꽃은 많지않다. 동백 동산 습지 센터에서 30분 정도 숲길을 걸으면 먼물깍의 황홀한 풍경을 만날 수 있다. 나무뿌리와 돌들이 울퉁불퉁해 걷기에 다소 불편하나.

✉ 제주시 조천읍 선흘리 산12 ☎ 064-784-9446 OPEN 09:00~18:00 ₩ 입장료 무료 ⊕ ramsar.co.kr

Cafe

① 카페 세바

담쟁이덩굴이 뒤덮인 비밀의 정원 같은 돌집. 재즈의 선율과 전면의 통창으로 보이는 정원은 세바만의 독보적인 풍경이다. 커피는 프렌치프레스나 모카포트를 이용해 내리며, 우유 거품 또한 일일이 프렌치프레스를 이용해 만든다. 시간이 멈춘 듯한 아날로그적 공간.

✉ 제주시 조천읍 선흘동2길 20-7 ☎ 010-2588-9653 OPEN 10:00~17:00(일·수 휴무) ₩ 프렌치프레스 아메리카노·모카포트 카페라테 6,000원 뿌리빵 5,000원 ⊕ blog.naver.com/cafeseba

② 동굴 카페 다희연

제주 돌 문화 공원

제주시 조천읍 남조로 2023
064-710-7731
OPEN 09:00~18:00(첫째 주 월 휴무)
₩ 입장료 어른 5,000원, 청소년 3,500원
jejustonepark.com

100만 평 규모의 광활한 대지 위에 제주 돌문화의 모든 것을 모았다. 단순히 신기한 돌을 모아 놓은 따분한 곳이 아니다. '설문대할망과 오백장군' 설화를 테마로 제주의 형성 과정과 제주 사람들과 함께한 돌 문화를 보여주는 박물관이자 생태 공원이다.

방대한 규모의 공원은 공사가 완공된 부분만 일부 개원하였으며, 2020년 완공을 목표로 공사 중이다.

설문대할망이 빠져 죽었다는 돌 가마솥을 형상화한 하늘 연못, 제주의 희귀한 화산석을 감상할 수 있는 제주 돌 박물관, 조록나무 뿌리 형상물과 국내외 예술 작품을 감상할 수 있는 오백장군 갤러리, 제주의 옛 마을을 재현한 제주 전통 초가 돌한마을, 한라산 영실 기암절벽 못지않게 웅장한 오백장군 군상 등 공원의 다채로운 볼거리는 오름과 곶자왈이 펼쳐진 중산간의 경치를 해치지 않고 조화롭다. 자연으로 둘러싸인 부지를 걷다 보면 어느새 마음이 고요해진다.

Tip 돌 문화 공원의 모든 코스를 둘러보면 3시간 정도 소요되나 일부 코스만 봐도 충분하다. 입구에서 음성 안내기를 무료로 빌려준다.

Cafe

① 더 로맨틱

유럽의 별장 같은 건물 내외부가 포토 스폿으로 가득한 스튜디오형 카페. 주문하면 진동벨 대신 작은 꽃다발을 주는데, 촬영 소품으로 활용하기 좋다.

✉ 제주시 조천읍 교래1길 26-1 📞 064-782-6348 OPEN 10:00~20:00 ₩ 커피류 6,000원~7,000원, 에이드 7,000원~9,000원

Restaurant

② 교래 손칼국수

녹차로 만든 쫄깃한 생면에 닭고기가 듬뿍 들어간 칼칼한 닭칼국수. 저렴하면서도 든든한 한 끼.

✉ 제주시 조천읍 비자림로 645 📞 064-782-9870 OPEN 10:30~18:00(수휴무) ₩ 바지락칼국수 7,000원, 토종닭칼국수 9,000원

③ 성미가든

투명하게 비치는 얇은 닭 가슴살을 깔끔한 채소 국물에 살짝 익혀 특제 소스에 찍어 먹는 닭샤부샤부 맛집. 샤부샤부를 다 먹고 나면 녹두로 속을 가득 채운 백숙이 나온다.

✉ 제주시 조천읍 교래1길 2 📞 064-783-7092 OPEN 11:00~20:00(둘째, 넷째 주 목휴무) ₩ 닭샤부샤부 2~3인 55,000원

📍 산굼부리

산굼부리는 특이하게 평지에 있는 분화구이다. 넓게 펼쳐진 억새밭 풍경이 유명해 9~11월 억새철이 되면 몰려드는 관광객들로 발 디딜 틈이 없다. 사설로 관리되는 오름으로 입장료가 있는 만큼 편의 시설은 물론 억새와 산책로, 포토존까지 잘 꾸며져 있다. 억새밭 사이 널찍하게 나 있는 길을 따라 작은 언덕을 올라가면 푹 꺼진 장대한 분화구와 주변의 오름 한라산까지 다 보인다.

✉ 제주시 조천읍 교래리 산38 📞 064-783-9900 **OPEN** 09:00~18:00 ₩ 성인 6,000원
🌐 www.sangumburi.net

📍 렛츠런팜

한국 마사회에서 제주말을 기르고 육성하는 목장. 철마다 꽃밭을 가꾸고, 승마 체험과 트랙터 마차 목장 투어 등을 진행한다. 드넓은 목초지 위에 말이 노니는 풍경만으로도 이색적이다. 4월 유채꽃, 5~6월의 양귀비, 7~8월의 해바라기가 피는 시기에도 가볼 만하다.

✉ 제주시 조천읍 남조로 1660 📞 064-780-0131 **OPEN** 09:00~18:00 ₩ 무료

Guest House

📍 곱은달 사진관

오래된 제주 돌집에서 자연스럽고 빈티지한 기념사진을 남길 수 있는 사진관. 흑백 사진이 메인이지만 컬러 사진도 가능하다.

✉ 제주시 조천읍 곱은달길 24 📞 010-7149-3147 **OPEN** 10:00~17:30(일 휴무) 📷 @hiddenmoon_jeju

📍 에코랜드

기차 타고 즐기는 제주의 곶자왈. 이국적이기도 하고, 자연적이기도 하며, 놀이동산처럼 재미도 있는 다채로운 곳. 역마다 내려서 걷다보면 시간가는 줄 모른다.

✉ 제주시 조천읍 번영로 1278-169 📞 064-802-8020 **OPEN** 08:30~17:00 ✉ 성인 12,000원, 청소년 10,000원, 어린이 8,000원 🌐 theme.ecolandjeju.co.kr

📍 삼형제 다락방

빈티지 감성이 가득한 숙소 내부와 정원, 카페 곳곳이 포토 스폿이다. 스튜디오부터 독채까지 다양한 형태의 객실이 있다.

✉ 제주시 조천읍 와흘상서1길 4-2 📞 010-9254-4422 ₩ 스튜디오룸(2인) 130,000원, 다락방(3인) 130,000원, 투룸, 독채(4인) 200,000원 📷 @samda.house

05
제주
우도

쪽빛 바다와 하얀 모래사장, 야트막한 오름, 물질하는 해녀들, 해안 도로의 시원한 라이딩까지 육지 사람이 꿈꾸는 제주 여행의 하이라이트만 모아놓은 곳이 우도다. 소가 누워 있는 모양과 닮았다 하여 우도(牛島)라고 한다. 섬의 한 바퀴 둘레가 17㎞ 정도로 제주도의 부속 섬 중 가장 크다. 시간 여유가 있다면 아침 배를 타고 들어가 오후 늦게까지 하루를 온전히 우도에서 보내는 것을 추천한다. 그보다 더 좋은 방법은 하룻밤을 우도에서 보내는 것. 관광객이 몰려드는 한낮의 우도 역시 아름답지만 막 배를 타고 관광객이 썰물처럼 빠져나가 한결 한적하고 조용해진 우도에서 또 다른 매력을 느낄 수 있을 것이다.

우도 가는 방법

종달항이나 성산포항에서 배를 타고 15분이면 우도에 도착한다. 종달항보다 배편이 많고, 우도의 천진항과 하우목동항 두 곳으로 운행하는 성산포항에서 출발하는 배를 탈 것을 추천한다.

성산포항 여객 터미널 ↔ 우도 천진항, 하우목동항

성수기 기준 06:00~18:50까지 30분 간격으로 운항. 우도에서 나오는 배는 오후 6시 30분이 마지막 배다.

✉ 서귀포시 성산읍 성산등용로 112-7
📞 064-782-5671
₩ 왕복 운임 성인 8,500원

종달항 ↔ 우도 하우목동항

성수기 기준 09:00~17:00까지 1시간 간격으로 운항. 우도에서 나오는 배는 오후 4시가 마지막 배다.

✉ 제주시 구좌읍 해맞이해안로 2281
📞 064-782-7719
₩ 왕복 운임 성인 8,000원

> **Tip 렌터카 및 렌트한 스쿠터 우도 입도 전면 금지**
>
> 넘쳐나는 관광객으로 인한 우도 내 혼잡과 환경 오염 문제, 사건 사고를 방지하기 위해 2017년 여름부터 렌터카 및 렌트한 스쿠터의 우도 입도가 전면 금지되었다. 증빙 서류가 있다면 본인 소유의 스쿠터는 입도 가능하다. 따라서 스쿠터 여행자가 우도에 들어가기 위해서는 성산항 혹은 종달항 터미널에 스쿠터를 주차 후 우도에 입도하여 우도 내 버스를 이용하거나 우도에서 스쿠터를 별도로 렌트해 이용해야 한다.

우도 안 이동 수단

① 스쿠터&자전거

천진항과 하우목동항에 많은 수의 스쿠터 렌트 업체가 성업 중이다. 배에서 내려 항구 입구로 나오면 호객하는 렌트 업체 직원들이 많으므로 가격을 알아본 후 적당한 업체를 골라 렌트하면 된다. 스쿠터는 운전면허 필수.

전기 스쿠터 35,000~45,000원(2시간) **일반 스쿠터** 20,000~30,000원(2시간)
전기 자전거 20,000~25,000원(2시간) **일반 자전거** 10,000~20,000원(3시간)

② 버스

우도 투어 버스와 해안 도로 순환 마을버스가 있다.

우도 투어 버스
천진항→우도 등대 공원→검멀레 해변→하고수동 해수욕장→산호 해수욕장→천진항

빨간 버스라고도 부르는 투어 버스는 천진항에서 출발해 우도의 핵심 관광지를 둘러본다. 버스 이동 중 버스기사님이 이야기해주는 우도에 관한 설명이 재미있다. 정류장마다 자유롭게 내려서 관광 후 자유롭게 다시 탈 수 있다. 우도 한 바퀴 일주권 5,000원.

해안 도로 순환 마을버스
해안 도로를 따라 우도를 한 바퀴 순환하는 마을버스다. 관광지에만 정차하는 것이 아니라 주민들도 이용하는 마을버스이기 때문에 정류장도 많고 조금 느리다. 하지만 해안 도로를 따라 이어지는 모든 핵심 관광지에도 정차하므로 마을버스를 타고 둘러보는 것도 나쁘지 않은 선택이다. 1회 탑승 시 1,000원, 1일 자유 이용권 5,000원.

③ 우도 전기 렌터카

인원이 많다면 전기 렌터카를 이용하는 것도 좋다. 인수와 반납 장소는 우도봉 앞 차고지다. 천진항, 하우목동항에서 셔틀 차량을 타고 차고지로 이동 가능하다.

✉ 제주시 우도면 우도봉길 47
☎ 064-783-3355
₩ 1시간 25,000원, 24시간 150,000원(자차 보험 별도)

Tip 비가 오거나 바람이 많이 부는 날에는 우도를 오가는 도항선이 운항하지 않는다. 조금이라도 날씨가 수상하다면 필히 여객선 터미널에 우도 도항선의 운행 여부를 확인하자.

원데이 코스 

우도 여행은 해안 도로를 따라 달리는 한 바퀴 일주가 기본이다. 스쿠터로 우도를
주행할 때는 보통 시계 방향을 추천한다. 이는 비교적 달리기 쉬운 해안 도로를 지나
검멀레 해변, 우도봉 등 우도의 하이라이트를 후반부에 볼 수 있기 때문이다. 우도봉을
제외한 모든 관광지가 해안 도로를 따라 이어져 핵심 스폿을 자연스레 모두 둘러볼 수
있다. 우도에선 내비는 없어도 좋다. 내비는 잊어버리고 환상적인 우도의 자연에
집중하자.

1 천진항 → **2** 산호 해수욕장 → **3** 하고수동 해수욕장 → **4** 비양도 →

5 검멀레 해변 → **6** 우도봉 → **7** 천진항

총 길이	14km
예상시간	주행 1시간 10분+관광 3시간
난이도	중
주의사항	좁고 구불구불한 해안 도로에 스쿠터와 자전거는 물론 차량들까지 함께 달리기 때문에 사고의 위험이 높다. 느린 속도로 다른 차량의 운행에 주의하며 달리자.

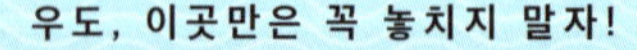 우도, 이곳만은 꼭 놓치지 말자! 

산호 해수욕장 눈부시게 새하얀 천연기념물 해변과 투명한 바다

하고수동 해수욕장 에메랄드 바다와 함께하는 우도 최고의 물놀이 스폿

검멀레 해변 보트 투어 가성비 최고의 짜릿한 액티비티

우도봉&우도 등대 공원 우도 최고봉에서 바라보는 제주 본섬과 우도 전경

3
하고수동 해수욕장
4
비양도
2
산호 해수욕장
5
검멀레 해변
1,7
천진항
6
우도봉, 우도등대공원

1-2 천진항 ——2㎞ 약10분——→ 산호 해수욕장

내비는 마을을 가로지르는 길로 안내할 수 있다. 내비를 끄고 해안 도로를 따라 달리자. 배를 타고 내리는 사람들과 스쿠터와 자전거를 빌리고 반납하는 사람들로 혼잡하니 운전에 조심하자

내비 목적지 산호 해수욕장
난이도 하

2-3 산호 해수욕장 ——6㎞ 약30분——→ 하고수동 해수욕장

내비의 안내를 따라 달리면 마을을 가로지르는 길을 안내한다. 시간이 부족하다면 마을 안길로 달리는 것도 좋지만 가능하면 해안 도로를 따라 달리자. 산호 해수욕장을 출발해 하우목동항을 지나 우도 최북단 답다니 탑망대에 잠시 올라 한숨 돌리고 다시 해안길을 달리면 하고수동 해수욕장이다.

내비 목적지 하고수동 해수욕장
경유지 하우목동항, 답다니 탑망대　**난이도** 하

3-4 하고수동 해수욕장 ——1.5㎞ 약5분——→ 비양도

하고수동 해수욕장을 출발해 해안 도로를 따라 1㎞를 달리면 길은 해안 도로를 벗어나 바다를 가로질러 비양도로 이어진다. 길이 끝나는 곳에 위치한 비양도 해녀의 집에 스쿠터를 세우고 주위를 둘러보자.

내비 목적지 비양도 해녀의 집
난이도 하

4-5 비양도   _{2.5㎞ 약10분}→ 검멀레 해변

비양도를 나와 다시 해안 도로를 따라 달리자. 길은 외길로 달리기 쉽다. 검멀레 해변 앞은 차량과 사람들로 복잡하니 스쿠터 운전에 조심하자.

내비 목적지 검멀레 해변
난이도 하

5-6 검멀레 해변   _{2㎞ 약10분}→ 우도봉

검멀레 해변에서 내륙으로 이어지는 오르막길을 따라 약 800m 달리다 삼거리에서 좌회전 후 약 600m 이동, 우도봉 이정표를 따라 좌회전하여 500m 더 올라가면 우도봉 주차장이다. 우도봉 주차장에 스쿠터를 주차하고, 도보로 우도봉에 올라보자.

내비 목적지 우도봉 주차장
난이도 중

6-7 우도봉   _{1.2㎞ 약5분}→ 천진항

우도봉 주차장을 나와 천진항으로 향하는 내리막길은 천진항에서 스쿠터 여행을 출발하는 여행자들과 뒤섞여 혼잡하다. 사고의 위험이 높은 곳이니 각별히 주의하자.

내비 목적지 천진항
난이도 중

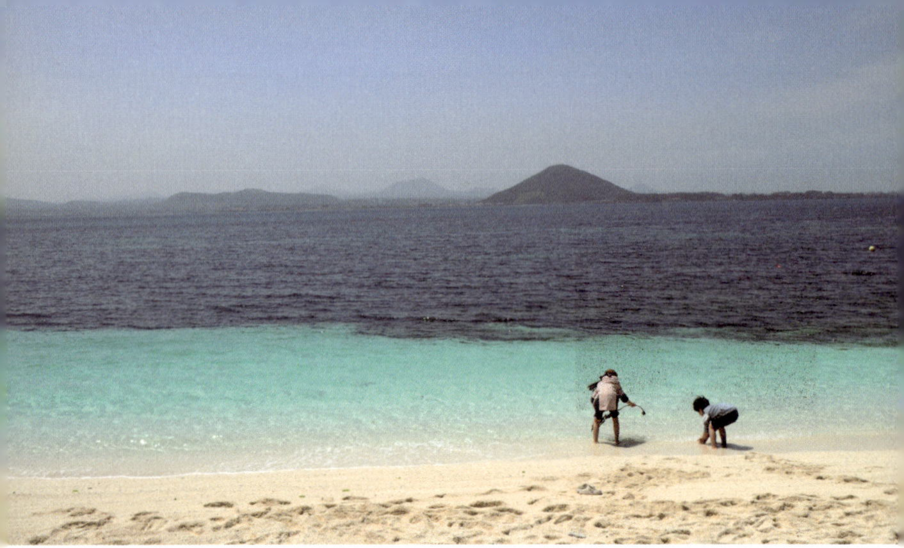

제주에서 가장 눈부신 백사장

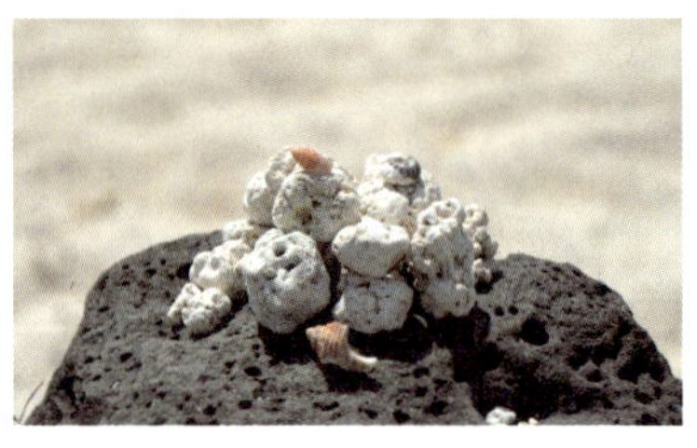

산호 해수욕장

제주시 우도면 연평리

산호사 해수욕장, 서빈백사, 홍조단괴 해변이라는 이름을 거쳐 산호 해수욕장이라는 이름을 가지기까지 우여곡절이 많았던 해변이다. 모래사장을 가득 메운 하얀색 자갈들은 우도 바다에서 자라는 해조류 중 하나인 홍조류가 석회화된 알갱이들이다. 국내에서 유일하며, 세계적으로도 찾기 힘든 귀한 경우라 해변 전체가 천연기념물 제438호로 지정되어 보호되고 있다.

멀리 제주 본섬과 한라산이 보이는 최고의 전망에 푸른 바다와 대비된 새하얀 해변까지 그림 같은 풍경에 마음을 빼앗긴다. 해변이 넓지 않고 바다의 경사가 심하다. 파도도 센 편이라 물놀이보다는 바다 전망을 즐기기에 적당하다.

하고수동 해수욕장

제주시 우도면 연평리

우도 북동부에 위치하며, 에메랄드빛이 아름다운 해수욕장이다. 파도가 잔잔하고 수심이 깊지 않아 해수욕을 즐기기에 좋다.

주변에 식당, 카페는 물론 샤워실, 화장실 등 관광객을 위한 편의 시설이 잘 준비되어 있어 물놀이를 즐기기 가장 좋은 해변이다.

비양도

제주시 우도면 안비양길 51

제주에는 비양도가 두 군데 있다. 서쪽 협재 해수욕장 바다에 떠 있는 비양도와 우도 하고수동 해수욕장 동쪽에 있는 비양도다. 우도와 비양도는 도로로 연결되어 있다. 걸어서 20분이면 둘러볼 수 있는 작은 섬으로 돌을 쌓아 만든 전망대에서 바라보는 풍경이 시원하다.

비양도 해녀의 집을 지나 이어지는 길은 밀물 썰물에 따라 파도에 드러나고 사라지길 반복하며 바다로 이어진다. 바다를 향해 펼쳐진 넓은 목초지는 캠핑하는 이들에게 인기 만점.

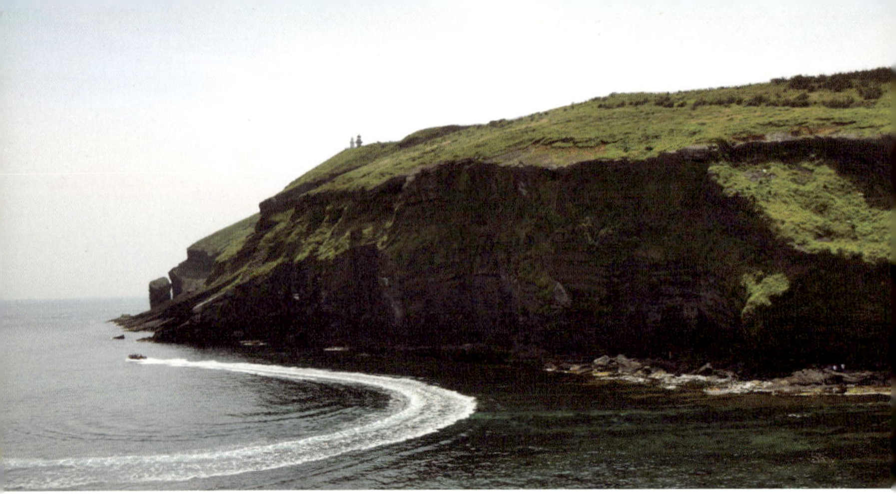

우도 8경의 절반이 모여 있는

검멀레 해변

제주시 우도면 연평리 312-10

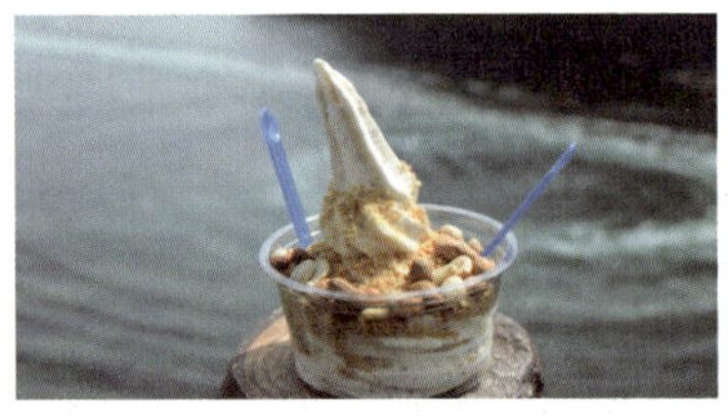

우도봉 절벽 아래에 숨어 있는 폭 100m 정도의 해변이다. 이름에서 알 수 있듯 검은 모래로 이루어진 해변이다. 해변 위로 지나는 도로에서 내려다보는 경관이 훌륭하다. 해변 한쪽에 있는 동안경굴은 큰 고래가 살았다는 전설이 있을 정도로 규모가 크다. 썰물 때는 걸어서, 밀물일 때는 보트 투어로 들어갈 수 있다.

동굴의 울림이 좋아 매년 10월이면 동굴 안에서 음악회가 개최된다. 어디서도 경험하기 힘든 경험이니 공연 일에 우도를 방문한다면 놓치지 말고 찾아보자. 동안경굴 반대쪽에선 우도 투어 보트를 탈 수 있다. 검멀레 해변을 출발하여 우도봉 뒤편까지 다녀오는 투어로 우도 8경 중 4경(주간명월, 동안경굴, 후해석벽, 전포망도)을 둘러볼 수 있다. 투어 요금은 1만 원 정도며, 약 20분 정도 걸린다. 파도치는 우도 바다를 달리는 짜릿함과 아름다운 풍경까지 즐길 수 있는 우도 최고의 액티비티다.

검멀레 해변 위 도로에는 땅콩을 이용한 아이스크림 가게들이 밀집해 있다. 우도에서 재배한 특산물 땅콩으로 만들어 고소하면서도 달콤한 맛이 일품이다.

우도가 한눈에 내려다보이는

우도봉

제주시 우도면 우도봉길 105

소를 닮은 우도의 형태 중 소의 머리 부분에 해당하는 부분이 소머리 오름이다. 그 정상이 높이 133m의 우도봉이다. 우도에서 가장 높은 곳인 만큼 사방을 내려다보는 풍경이 훌륭해 우도 8경 중 하나로 '지두청사'라 불렸다.

우도 내륙 쪽으로 이어진 넓은 초지와 남쪽 바다를 향해 뚝 떨어지는 절벽은 바다 건너 성산일출봉과 한라산까지 담고 있다. 내려다보는 전망만으로도 가슴이 시원하다. 우도봉 정상에 100년이 넘은 오래된 옛 등대와 최근에 새로 지은 등탑, 등대 박물관까지 소소하게 둘러보기 좋다.

아래쪽 주차장에서부터 걸어 올라오는 길은 우도 올레 1-1 코스로 산책로가 잘 정비되어 있어 걷기 편하다. 왕복 한 시간 정도 소요된다.

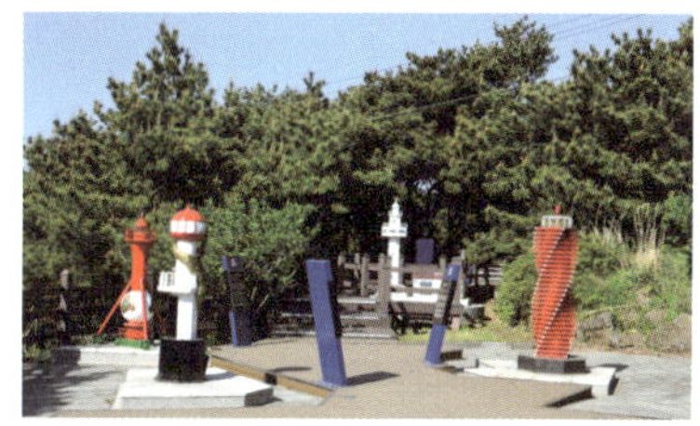

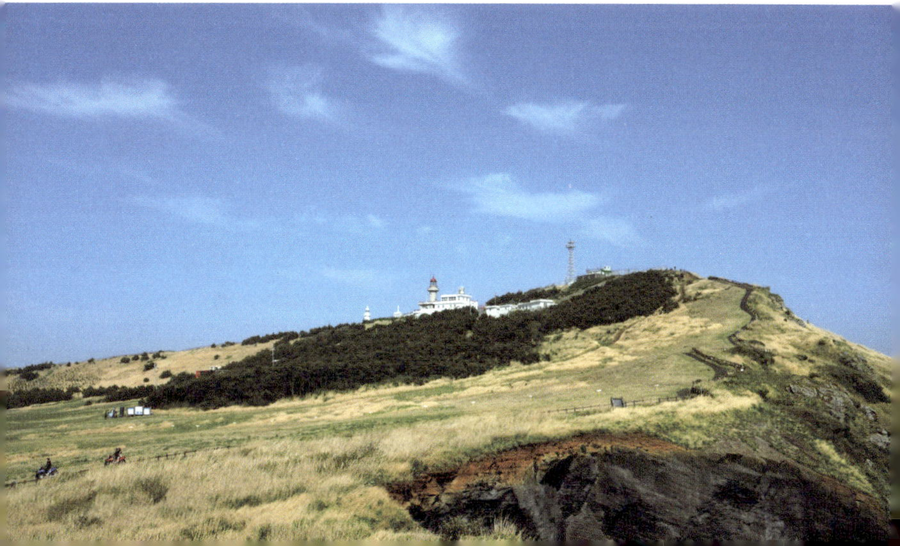

답다니탑망대
7
5
하고수동 해수욕장
1
2
3
4
비양도
오봉리사무소
하우목동항
8
4
우도면사무소
6
3
2
산호 해수욕장
우도119
5
검멀레 해변
우도저수지
우도파출소
9
10
우도봉주차장
6
천진항
우도봉, 우도동대공원

Cafe

❶ 블랑로쉐

전면 창을 통해 가득 들어오는 하고수동 해수욕장과 군더더기 없는 화이트 인테리어, 대형 식물이 어우러져 이국적인 분위기 물씬 풍긴다. 바다를 독차지한 테라스에서 인생 사진을 건져보자. 우도의 명물 우도 땅콩으로 만든 메뉴들이 다양하다.

✉ 제주시 우도면 우도해안길 783 ☎ 064-782-9154 OPEN 동절기 10:00~16:00, 하절기 10:00~18:00 ₩ 우도땅콩크림라테 8,000원, 우도땅콩아이스크림 6,000원, 아메리카노 5,500원 ⓞ @udo_blancrocher

❷ 안녕, 육지사람

오래전부터 하고수동 해수욕장을 지켜온 빈티지 카페. 주인장이 손수 꾸민 실내외 곳곳은 모두 포토 스폿이 된다. 수제 땅콩잼이 발라진 흑돼지땅콩햄버거가 별미다. 100m 거리에 새롭게 문을 연 2호점은 감각적인 인테리어로 더욱 사랑받고 있다.

✉ 제주시 우도면 우도해안길 792 ☎ 070-4225-0170 OPEN 성수기 09:00~21:30 ₩ 흑돼지땅콩햄버거 12,000원, 우도땅콩아이스크림 5,000원

Restaurant

❸ 회양과 국수군

살아 있는 돌문어 한 마리와 어마어마한 양의 해산물을 넣어주는 해물탕. 회가 넉넉히 들어간 회국수도 별미.

✉ 제주시 우도면 우도해안길 270 ☎ 064-782-0150 OPEN 10:30~21:00 ₩ 돌문어해물탕(대) 70,000원, 회국수(2인 이상) 10,000원

❹ 풍원

주물럭을 먹고 나면 볶음밥을 한라산 모양으로 만들어주며 우도와 제주도 탄생 전설을 들려준다. ATV, 스쿠터 등 렌트도 겸하고 있어 편리하다.

✉ 제주시 우도면 우도해안길 340 ☎ 064-784-1894 OPEN 09:00~17:00 ₩ 한치주물럭 15,000원, 돼지주물럭 15,000원, 한라산볶음밥 3,000원

❺ 파도소리 해녀촌

검은 빛깔의 면은 주방장이 톳가루를 넣어 직접 반죽한다.
해녀가 직접 잡은 싱싱한 해산물은 언제나 진리.

✉ 제주시 우도면 우도해안길 510 ☎ 064-782-0515 OPEN 09:00~20:00 ₩ 보말칼국수 10,000원, 해물칼국수 12,000원, 성게미역국 13,000원

Entertainment

❻ 바람개비

돌문어, 전복 등 해산물이 잔뜩 들어간 해물라면이 푸짐하고 시원하다. 김밥까지 곁들이면 완벽한 한 끼 완성!

✉ 제주시 우도면 우도해안길 1032 ☎ 064-782-8333 OPEN 09:30~21:30(둘째·넷째 주 목 휴무) ₩ 해물몬딱라면 12,000원, 치즈떡볶이 5,000원, 김밥 3,000원

❼ 밤수지맨드라미

우도 유일의 독립서점. 복잡한 해안 도로 변에 있지만 책방 안에 들어서는 순간 고요한 세상이 펼쳐진다. 제주 관련 서적은 물론 시집, 소설, 그림책, 엽서 등 다양한 아이템들로 가득 차 있다.

✉ 제주시 우도면 우도해안길 530 ☎ 010-7405-2324 OPEN 10:00~18:00 ◎ @bamsuzymandramy.bookstore

Guest House

❽ 소섬바당 게스트하우스

우도의 한가운데에 위치한, 해녀 사모님과 선장 사장님이 운영하는 게스트하우스. 객실 안에 욕실이 있어 편리하다. 보말죽 조식 포함.

✉ 제주시 우도면 우도로 190 ☎ 010-5534-0588 ₩ 도미토리 25,000, 2인실 60,000원 ⊕ soseombadang.com

❾ 뽀요요 펜션

바다 바로 앞 넓디넓은 잔디밭에 누워 성산일출봉을 바라볼 수 있는 곳. 마당에서 일몰을 볼 수 있으며, 방에서도 바다가 보인다.

✉ 제주시 우도면 우도해안길 128 ☎ 064-783-8118 ₩ 2인실 150,000원 ⊕ www.poyoyo.co.kr

❿ 노닐다 게스트하우스

우도 천진항 바로 앞에 있는 조용하고 따스한 가정집의 느낌. 조식 포함.

✉ 제주시 우도면 우도해안길 84-3 ☎ 064-784-5460 ₩ 도미토리 25,000원 ⊕ www.nonilda.co.kr

2018년 6월 30일 초판 1쇄 펴냄

지은이   정두용·안보라
발행인   김산환
책임편집   윤소영
영업마케팅   정용범
디자인   페이지제로
인쇄   다라니
종이   월드페이퍼

펴낸곳   꿈의지도
주소   경기도 파주시 경의로 1100, 604호
전화   070-7535-9416
팩스   031-947-1530
홈페이지   www.dreammap.co.kr
출판등록   2009년 10월 12일 제82호

ISBN 979-11-87496-88-5 (13980)